照着做，你就能

提高情商

情商高的人走到哪里都受欢迎

潘鸿生 编著

云南出版集团
云南美术出版社

图书在版编目（CIP）数据

照着做，你就能提高情商 / 潘鸿生编著 . -- 昆明：云南美术出版社，2020.12
ISBN 978-7-5489-4276-4

Ⅰ . ①照… Ⅱ . ①潘… Ⅲ . ①情商－通俗读物 Ⅳ . ① B842.6-49

中国版本图书馆 CIP 数据核字 (2021) 第 003757 号

出 版 人： 李 维 刘大伟

责任编辑： 汤 彦 王飞虎

责任校对： 钱 怡 吕 媛

照着做，你就能提高情商

潘鸿生 **编著**

出版发行： 云南出版集团
云南美术出版社
社　　址： 昆明市环城西路 609 号（电话：0871-64193399）
印　　刷： 永清县晔盛亚胶印有限公司
开　　本： 880mm × 1230mm 1/32
印　　张： 7
版　　次： 2020 年 12 月第 1 版
印　　次： 2021 年 3 月第 1 次印刷
书　　号： ISBN 978-7-5489-4276-4
定　　价： 38.00 元

前　言

情商，又被称为“情绪智力”，主要是指人在情绪、情感、意志、耐受挫折等方面的品质。传统观念认为，一个人取得的成就，与智力水平有很大关系，也就是说智商越高就有可能取得更大的成就。但是，在心理学家提出“情商”的概念后，人们普遍认为，情商水平的高低对于一个人能否取得成功有很大的影响，有时甚至要超过智商的作用。的确，一个人能否成功，是与其品质、意志、人格魅力、沟通能力、心理素质等诸多因素密切相关的。

有研究表明，一个人一生中能取得多大成就，在很大程度上取决于此人的情商，而且情商的重要性竟然是智商的9倍！甚至有人总结出这样一个公式：成功=20%智商+80%情商。由此可见，某种程度上在成功的道路上，情商比智商起着更重要的作用。智商决定了你能有多高的学历，能有怎样的科研成就；而情商决定了你为人处事与社会生存的能力。很多心理学家认为，情商表现出人们的综合素养，体现出人们的深层素质，因而能够帮助人们正确地认知自我、管理自我、激励自我，也能够帮助人们处理好人际关系，获得良好的人脉，还可以在人们遭遇坎坷逆境的时候，激励人们不断进取，奋发向上。高情商的人能在纷繁的社会中游刃有余，收获属于自己的成功与快乐。

情商水平的高低对一个人能否取得成功至关重要，高情商是任何一个成功者所必须具备的基本素质。清华大学吴维库教授曾经说过一句十分有哲理的话："智商高，情商也高的人，春风得意；智商不高，情商高的人，贵人相助；智商高，情商不高的人，怀才不遇；智商不高，情商也不高的人，一事无成。"的确，情商是影响一个人命运的重要因素，绝大多数的成功者都不是那种才华横溢却不通世故的人，而是那些也许智商不是最高，却能把情商发挥恰当的人。

看看当今社会上那些失败者，很多时候并不是因为其智商低下，也不是因为其学识浅薄，而是由于其情商方面的欠缺。所以，要想获得人生事业的成功，你就必须善于对自己的情感方面进行投资，努力提高自己的情商水平。

本书向人们提出了简单、有效的情商训练方法，不仅可以让你认识和了解情商对人生的重要性，而且还可以让你提高对自己生命的自知力和对情绪的自控力，更好地管理自己的人生资源，最大限度地提升成功的概率，从而健康、快乐地生活。

目　录

第一章　了解情商：开启心智的大门

第二章　认识自己：了解最真实的自己

第三章　情绪控制：让情绪为己所用

第四章　自我激励：真正优秀的人，都自带“鸡血”

第五章　人际交往：可以比想象的更受欢迎

第六章 自我管理：高情商让人成为更好的自己

第一章

了解情商：开启心智的大门

认识情商，揭开情商的面纱

情商，又称“EQ”，是Emotional Quotient的缩写，直译过来就是情感智商。这一术语最早由美国耶鲁大学萨洛维教授和新罕什布尔大学梅耶教授在1990年正式提出来的。这一概念一经提出，立即引起了心理学界的广泛关注，并且，越来越多的研究表明情商的发展能够在很大程度上促进智力的发展，这一发现使得越来越多的人开始关注情商，尤其是那些渴望实现自我、渴望获得成功的年轻人，更是对情商格外关注。

1995年10月，美国《纽约时报》专栏作家丹尼尔·戈尔曼出版了《情商：为什么它比智商更重要》一书，把情感智商这一新的研究成果介绍给大众，该书迅速成为全球范围内的畅销书。他在书中提出了情商的五大要素，并分别从情绪的认知、情绪的管理、自我激励、体察他人情绪和人际情绪互动五个方面阐述了这五大要素。

1. 情绪的认知　就是能认识自己的感觉、情绪、情感、动机、性格、欲望和基本的价值取向等，并以此作为行动的依据。不了解自身真实感受的人，必然沦为感觉的奴隶，反之则成为生活的主宰。

2. 情绪的管理　是指对自己的快乐、愤怒、恐惧、惊讶等各种情绪体验能够自我认识、自我协调。经研究发现，当一个人情绪不佳时，可以用下列方法帮助调整情绪：正确查明使自己心烦的原因是什么，进行一些建设性行动。这些方法可使人在情绪低落时自我安慰、摆脱焦虑和不安，尽快走出生命的低潮，重新出发。

3.自我激励　是指面对自己想实现的目标，随时进行自我鞭策、自我说服，始终保持高度热忱、专注和自制。保持高度热忱是成就的动力，但成就事业需要有对情绪或情感的自制力——克服冲动与延迟满足。

4.体察他人情绪　指对他人的各种感受，能设身处地地、快速地进行直觉判断，了解他人的情绪、性情、动机、欲望等，并能做出适度的反应。在人际交往中，能从对方的语言及其语调、语气、表情、手势、姿势等来判断他人真实的情绪和情感。

5.人际情绪互动　是指调控人际关系的技巧。一个人的人缘、领导能力、人际和谐程度都与处理人际关系的能力有关。充分掌握这项能力的人，常常是社会上的佼佼者。他们常能使智商高于自己的人为自己效力。人际关系协调者，容易认识人而且善解人意，善于从别人的表情来判断其内心感受，善于体察其动机和想法。具备这种能力，易使其与人相处愉悦、自在。这种人能担任集体感情的代言人，引导集体走向共同目标。

心理学家认为，这些情绪特征是生活的动力，可以让智商发挥更大的效应。所以，情商是影响个人健康、情感、人生成功及人际关系的重要因素。

有一次，王丽应邀去参加大学同学的婚礼。在席间，她遇到了多年未见的老同学们，有的人事业有成、春风得意，有的则到处谋生漂泊至今。不过，大家对自身处境的评价并没有像她以为的那样，有的在别人看来混得不错的人，一口一句“没劲”，总是觉得自己的生活并不如意；有的看起来还一事无成，但是逢人总是有说有笑，比同龄人都显得年轻。还有几个同学的情形出乎意料：班上那些曾经的优等生们现在还在忙着申请出国镀金，或者在科研所里面“混日子”，而有几个大家都想不起来名字的人，却当了老板，生意做得有声有色。

其实，王丽现在的处境算是中等水平——在一家化妆品公司做销售主管，收入还可以，和同事相处，关系一般，婚姻谈不上“嫁得好”但也过得去。和有些人比起来，她自觉惭愧；但是和另外一部分人比起来，她还算是非常幸福的。和同学谈起过去的事情，有些感动，有些释然，也有很多感慨——“一向年光有限身，等闲离别易销魂。”回家之后，她和丈夫谈起今天的婚礼，说了很多。其中有一些是自己真心的想法，有一些则是莫名其妙的“言不由衷”了，比如明明觉得新娘子很漂亮，却说她是“庸脂俗粉”，说完自己又后悔不已。

在这个事例中，我们可以看出王丽参加同学婚礼的所有心理活动：看到同学们时的高兴和惊讶（自我意识），听到同学中有人生孩子、有人离婚时的高兴和伤心（认知他人，或者说是感受他人的情绪），对自己说“比上不足，比下有余”（自我调节），还有一些人际关系的处理和应对，这些都属于情商研究的范畴。可以说，我们每分每秒的选择都与个人情商的水平有关。

随着社会的发展，人们对情商的重视程度越来越高。拥有情商是一种不可或缺的技能。生活总会出现各种各样的问题和麻烦，情商能帮助人们尽可能地用最佳的方式解决这些问题，做出明智的选择，与他人和谐、融洽地相处。

情商是一种动力，是一座通向成功的桥梁。它对于个人的生存、发展，社会的进步，人类的进化，有着关键的作用。而对于想成功的人来说，提高情商是必修的一门课程，是通向成功所踏出的第一步。

情商与智商，谁更重要

多年以来，人们把成功和智力因素的关系神圣化，一直认为高智商意味着高成就，使得整个教育都是针对智力的教育。其实这种想法是非常偏激的，结果却不尽人意。

若论智商，此人不可谓不高，然而他最终所选择的路无疑是很可悲的。高智商并未给他带来人生的成功，他短暂的一生反而不如那些智商平庸者过得有意义。事实上，在智力测验中取得成功而在现实生活中一败涂地的人比比皆是。

美国心理学家做过一项有趣的研究。1981年，他们挑选了某中学几个毕业演说代表，这些人的平均智商在全校是最高的。研究发现，这些学生毕业后进入大学，学习期间都取得了很好的成绩，但到30多岁时却表现平平。从中学毕业算起，10年后，只有1/4的人在本行业中达到同龄段的最高阶层，很多人的表现甚至远远不如同辈。所以说，优异的学业成绩并不等于在生活和事业中能获得成功。

王铮是某著名大学的高才生，在校期间成绩优秀，多才多艺，毕业之后以十分优秀的成绩进入一家颇有名气的电子公司。由于王铮有高学历，而且是名牌大学毕业生，所以经理就对他青睐有加，非常器重和照顾，而同事们也愿意和他交往，以便向他多学习一些专业知识。

可是王铮却十分恃才傲物，自以为是，不仅看不起想和他搞好关系的同事，而且也不把领导放在眼里。有一次，经理要王铮负责一个和某公司一起合作的策划案。由于这次合作对公司非常重要，所以经理交代王铮一定要认真对待这次策划案。王铮表面上对经理再三表示会认真对待，可是心里却在想：不就是一个策划案吗，有什么大不了的，还要我认真对待？

当王铮向经理提交策划案时，经理就挑出了几处错误，而且是有关数据方面的严重错误，经理对王铮说："这是对我们公司很重要的一项合作，如果里面的数据有错误，将是十分严重的问题，会涉及公司的利益以及与合作伙伴的关系，有可能会导致整个合作的失败，甚至双方以后都不会再有合作的可能……"经理还没有说完，王铮就大声对经理说："不就是几个破数据吗？有什么了不起的，我不干了还不行？"说完摔门就走了。

以后的工作中，王铮在和同事相处时，总是抱怨同事这个不对，那个不行，指责别人能力不足，对周围的事情看不惯，抱怨和同事一起共事有多么困难。一段时间后，同事们对他变得非常冷淡，领导也不再器重他，几次提升机会都与他无缘，最后他只有灰溜溜地递交了辞职报告。

这个事例中的王铮不仅是名牌大学毕业生，而且多才多艺。虽然智商很高，可是他却在与人相处的过程中失败了。这就足以说明，一个人的成功与否不仅仅取决于智商，还与情商有着紧密的联系。

最新研究发现，人一生的成就至多只有20%归之于智商，其余80%的成就则受情商因素的影响。当然了，这个比例不是绝对的，它只是表明，情商在人生成就中起着至关重要的作用。而智商的作用也不可小视，只是它远没有我们过去认为的那么大。在许多领域卓有成就的人当中，有相当一部分人，在学校里被认为智商并不太高，但他们充分地发挥了他们的情商，最后获得了成功。达尔文在他的日记中写道："教师、家长都认为我是平庸无奇的儿童，智力也比一般人低下。"谁也不能否认，达尔文是一名伟大的科学家。在一封书信中，爱因斯坦写道："我的弱点是智力不好，尤其苦于记单词和课文。"可是，他后来成了世界级的科学大师。洪堡的学习成绩也不好，一次演讲中他说："我曾经相信，我的家庭教师再怎样让我努力学习，我也达不到一般人的智力水平。"可是，他后来成了杰出的植物学家、地理学家和政治家。成功不仅取决于个人的才智，在很大程度上还取决于情绪的自我管理能力和调节人际关系的能力。

当今社会，情商作为一个人能否成功的衡量指标，已经越来越被大多数人所重视。许多材料表明，情商较高的人在生活的各个领域都占尽优势，不管是谈恋爱、人际关系，还是在事业、家庭等方面，其成功的概率都比较大。在一项以15家全球企业，如国际商业机器公司、百事可乐及沃尔沃汽车等数百名高层主管为对象的研究中发现，情商是平凡领导人和顶尖领导人之间的差异所在。

情商为人们开辟了一条事业成功的新途径，它使人们摆脱了过去只讲智商所造成的无可奈何的宿命论态度。西方有一句名言“智商决定录用，情商决定提升”，一语道尽了情商与智商的区别。与陌生人接触之初，人们常常用智商来初步判定一个人的能力；而深入了解之后，情商便上升到主要地位，对人的发展起到决定性的作用。

事实上，人类的每一次决策都是情感和智力共同作用的结果。虽然情商和智商有所不同，但它们是一个整体，每一部分都在一个人成功中起着不可或缺的作用，只有二者兼备的人，才能取得更大的成绩。如果说智商像一辆高性能的跑车，那么情商就像是这辆车的驾驶，决定了这辆车前进的方向、节奏和速度。如果一个人拥有高智商，同时也拥有高情商，那么他不仅可以将自己的能力发挥出来用于正道，还可以惠及他人。成功既不能单靠超强的理解能力，也不能单靠强大的情感力量。只有智商和情商实现了完美结合，一个人才可能最终实现整体成功和生活幸福。

情商的高低，影响未来的发展

当今社会，人们对情商越来越重视，人才的竞争逐渐从智力竞争转向情商竞争。高智商不再是成功的单一象征，高情商也逐渐成为成功的代名词之一。曾经有一项调查：你认为成为CEO需要具备的最重要的品德是什么？最后，多数被调查者都认为，成为CEO最重要的品德就是“待人接物”的能力。对“待人接物”能力强弱起最关键性作用的就是情商。

美国资深学者丹尼尔·戈尔曼宣称：“婚姻、家庭关系，尤其是职业生涯，凡此种种人生大事的成功与否，均取决于情商的高低。”情商之所以在人的一生中起着如此重要的作用，主要原因是它直接影响人们的认知与实践。对事物的认知和实践能力取决于人的智力水平。智力好的人学习能力强，认识事物更加快速；动手能力强的人，做事情时会更加地轻松顺利，但是一个人的情商直接关系到自我认知能力、意志力、抗挫折能力、情绪的把控能力、人际交往能力等，这些完全能够弥补智力稍差带给我们的缺失。一个并不聪明的人，可以靠持之以恒的毅力完成学业；可以靠越挫越勇的抗压能力从一次次跌倒中爬起；可以在大起大落时做到胜不骄、败不馁……这就是情商从中起到的作用。

海伦·凯勒于1880年出生在亚拉巴马州北部一个叫塔斯喀姆比亚的城镇。在她一岁半的时候，一场重病夺去了她的视力和听力，接着，她又丧失了语言表达能力。她像一棵草，只能静静地待在自己的椅子上，明明有脚却不能走路，有手却不能写画，有思想却不能表达。因为这场疾病，小女孩变得性情暴戾，厌恶与人交流，父母也不知道怎样去帮助她活下去。

在黑暗中磕磕碰碰了七年之后，海伦遇到了她的老师——安妮·沙莉文小姐。安妮对海伦非常有耐心，把她当成一个普通孩子那样尊重她、信任她。海伦因为丧失听力而变“哑”，但声带并没有受损。她学发声，要用触觉来领会发音时喉咙的颤动和嘴的运动，这样的办法模仿出来的往往不准确。为此，海伦不得不反复练习发音，有时为发一个音，一练就是几个小时。失败和疲劳使她心力交瘁，她为此流下过绝望的泪水。可是她始终没有退缩，夜以继日地刻苦努力，终于可以流利地说出“爸爸”“妈妈”“妹妹”了，全家人惊喜地相拥而泣。

在安妮的帮助下，海伦学会了自如地运用德语和法语，并且结识了文学界的许多朋友。马克·吐温曾为她朗读自己的短篇小说，与她建立了真挚的友谊。她的坚强和好学赢得了哈佛大学拉德克利夫女子学院的尊敬，因此学校以特殊方式安排她入学考试。她用手在凸起的盲文上熟练地摸来摸去，然后用打字机回答问题。9个小时后，她各科成绩全部通过，英文和德文还得了优等。在大学学习时，许多教材都没有盲文本，要靠别人把书的内容拼写在她手上，因此她预习功课的时间上要比别人多得多。当别的同学在外面嬉戏、唱歌的时候，她却在努力备课。

后来，海伦以优异的成绩从大学毕业，并且开始了为盲人服务的社会工作。每天有许多来访的盲人和雪片一样的信件，这些都是海伦自愿完成的。后来，她又在全美巡回“演讲”，为让更多的聋盲接受教育和治疗而奔波。到了1921年，在她的影响下，终于成立了美国盲人基金会民间组织，海伦是这个组织的领导人之一。

在繁忙的工作中，她没有放下手中的笔。她一生共有14部作品问世，《假如给我三天光明》是我们熟知的散文之一，《我的一生》《石墙之歌》《走出黑暗》《乐观》等，都产生了世界范围的影响。海伦的最后一部作品是《老师》，她曾为这本书搜集了20年的笔记和信件，而这一切和四分之三的文稿却都在一场火灾中烧毁。可海伦没有心灰意冷，她不声不响地坐到了打字机前，一点一滴地回忆过去的细节。10年之后，海伦完成了书稿。

1968年6月1日，88岁高龄的海伦走完她传奇般的一生。她坚强意志和卓越贡献感动了全世界，各地人民都开展了纪念活动。有人曾如此评价她：“海伦·凯勒是人类的骄傲，是我们学习的榜样，相信众多的有疾病的聋、哑、盲人都能在黑暗中找到光明”。

一个看不见任何东西、说不出一句话、听不见一丝声响的残疾人，为什么能够走出黑暗，做出了让正常人汗颜的成绩，赢得世人如此高的褒奖？除了靠她的老师莎莉文的循循教导之外，恐怕起关键作用的就是情商。纵观海伦·凯勒的一生，是她学会接纳自己、接纳他人、接纳社会的过程。她从最开始与安妮·莎莉文女士磕磕绊绊的沟通，到最后用盲文创作，就是情商中自我调节、自我激励、认知他人和处理人际关系的体现。

成功不仅仅由智力因素决定的，学会接纳自己、接纳他人也同样重要。其实，每个人的一生都并非一帆风顺。生活中最可怕的是不能从逆境中用自己的智慧战胜它，而永远被逆境所困。经验来自磨难的升华。只要懂得调节情绪的方法，不断地发现自身的缺点，不断地提高完善自己，相信成功一定会离你越来越近。

无数事实表明，成功并不是只属于那些高智商的人，智商不足并不能阻碍成功的脚步。美国哈佛大学心理学家霍华德·加德纳说："成功对任何人来说都不是命中注定的。成功的人之所以能成功除了后天的不懈努力之外，情商也是最关键的成功砝码。与情商低的人相比，那些高情商的人更懂得如何为自己争取机会，进而去成功。"

有一位卖地板清洁剂的销售代表到一家饭店去销售，刚一推开经理室的门，发现先一步已有一家公司的销售代表正在销售地板清洁剂，而且经理已表示要购买，后进来的销售代表凑过去看了看说："经理，我也是销售地板的清洁剂的，不过我的产品质量比他的好！"后到的销售代表将自己销售的清洁剂往地上一泼，擦了两下说：“你来看！”地上变得干干净净的，先进来的销售员呆了，不知道怎么去对付。饭店经理看了对先来的销售员说：“你以后别来了，我要这家了。”

无疑，第二个销售代表是一个高情商的人，他懂得为自己争取机会。相比之下，第一个销售代表则是一个低情商的人，遇到突发事件，不知应对，自然也就失去了生意。

情商高低，可以决定一个人的其他能力（包括智力）能否发挥到极致，从而决定这个人的人生能够取得多大的成就。李开复说：“情商意味着，有足够的勇气面对可以克服的挑战、有足够的肚量接受不可克服的挑战、有足够的智慧来分辨两者的不同。”如果将人生比作一辆全速行驶的列车，那情商不仅能为列车提供足够的动力，而且决定着列车的前行方向。一个人要想取得事业上的成功，往往需要正确的思想和理念来指引方向，而那些真正具有建设性的精神力量，则大多蕴藏在左右人生命运的情商中。

情商是开启心智的钥匙，是获得成功的力量来源。情商高的人生活更有效率，更容易有满足感，更能运用自己的智能获取丰硕的成果；而情商低的人，不善于驾驭自己的情感，内心常产生激烈的冲突，无法将实际能力和思考能力集中于工作上。从某种意义上讲，情商决定命运，情商的高低是一个人事业成败的分水岭，它将在最大限度上决定着你能否拥有完美的人生！

高情商，赋予成功更多可能

随着现代社会人际关系的日趋复杂，情商在指导人们行为方面的作用越来越突出。如果能够拥有高情商，自己的生活就会过得更加美好。美国前总统布什曾经说过："如果你能调动情绪，就能调动一切。"由此可见，人要学会调节和调动自己的情绪，让自己更好地适应社会，取得事业上的成功。

一位美国母亲曾讲述了这样一个故事：

虽然约翰逊不是一个聪明的孩子，可他却是最值得我骄傲的孩子。

上学时，约翰逊的成绩很差，尤其是数学成绩，从来就没有及格过，为此老师已经跟我说过很多次了。而约翰逊也为此经常受到同龄孩子的嘲笑，他们经常在他的背后贴上"傻瓜"或者"蠢人"的字条，约翰逊只是把字条撕去，从不反抗也不让我知道——直到我在一次偶然中看到——他一直都是默默地承受着。

我知道他是怕我为他伤心，可是，不管他怎么笨，甚至蠢到这个世界上所有人都嘲笑他，但他是我的孩子。

很多时候，看着他苦恼的表情我总是很无奈，因为我不能直接劝慰他，那样就等于承认了我也认为他确实很笨。我只能总是对着他笑，告诉他你也很棒，只是你和别人不一样罢了。我带着他去老人院做义工，去照顾没有主人的被遗弃的小动物，做这些的时候他总是能做得很好。

约翰逊三年级时，不幸的事情发生了——约翰逊的外公出了车祸。我无法控制自己的痛苦，忽略了约翰逊的存在，直到葬礼结束了，我才从悲伤中缓过来，开始寻找他。约翰逊很爱外公，一定也很难过，我要安慰他一下。当我终于发现约翰逊的时候，我看见他幼小的身影正在一群人中间若隐若现，那些是前来参加葬礼的老人，年龄和痛苦的原因让他们很虚弱了，约翰逊就站在阶梯边上，一个一个地扶着他们走下阶梯，时不时地还帮一些老太太提起她们笨重的裙角，还有，他还要不时地抽出一只手擦去自己脸上的泪珠。

我又一次流泪了，为了约翰逊，我可爱的孩子，他真让我觉得骄傲！后来，约翰逊开了一个很大的养老院，专门照顾一些没有儿女的老人，当然他成功了，成了整个街区最有名的人，他后来还做了理事会的主席呢！

毋庸置疑，智商上的不足没能阻止约翰逊获得成功，情商在此起到了至关重要的作用。一个情商高的人，能够让自己保持积极向上的心态，清楚地知道自己所追求的目标，用自己自身所怀有的毅力，克服种种困难，抵达胜利的彼岸，到达我们梦想的巅峰。

美国心理学家霍华·嘉纳说："一个人最后在社会上占据什么位置，绝大部分取决于非智力因素。"许多材料也显示，情商较高的人在人生各个领域都占尽优势，无论是谈恋爱、人际关系，还是在主宰个人命运等方面，其成功的机会都比较大。这就是我们必须要加强情商修炼的目的所在。因为，拥有了高情商就等于拥有了成功的人生。

黄美廉是一位从小就患有脑性麻痹的病人。脑性麻痹让她丧失了肢体平衡感和发声讲话的能力。从小她就生活在肢体带来的诸多不便和众人异样的眼光中，她的成长充满了艰辛。

然而她没有让这些外在的痛苦击败内心奋斗的精神，她坦然面对，挑战一切不可能，终于获得加州大学艺术博士学位。她凭借着手中的画笔和很好的听力，抒发着自己的情感，以色彩向人们诠释了"寰宇之力与美"。

有人曾经在她的演讲课上这样问她："黄博士，你从小就这个样子，你是怎么看待你自己的？难道你没有过怨恨吗？""怎么看自己？"黄美廉用粉笔在黑板上重重地写下这个问题，回过头看了看下面听课的同学，然后十分坦然地在黑板上写了起来：

一、我很可爱！

二、我的腿很长很美！

三、爸爸妈妈非常爱我！

四、我会画画，我会写稿！

五、我还有一只可爱的猫！

六、还有……

一时间，教室内鸦雀无声，大家都静静地看着她写在黑板上的字。最后，她以这样的一句话给刚才的问题做了总结：“我只看我所有的，不看我所没有的！”教室中雷鸣般的掌声经久不绝。

如黄美廉这样，不管我们的境遇如何，智商如何，我们都需要去修炼自己的情商，以此走向成功和幸福之旅。

情商是在磨难里练出来的，不是与生俱来的。每个人只有自己经历过风雨，才能明白怎样拥有高情商。或许你的情商不够高，但是只要你肯于学习，可以在风雨中摸爬滚打磨炼自己，让自己接受风雨的洗礼，你就会不断提高自己的情商，成为最好的自己。

情商多高，幸福感就有多高

情商高的人不一定都幸福，但幸福的人情商一定都比较高。这就是所谓的“性格决定人生，情商决定幸福”。

幸福是一种心态，而不是一种状态。你的生活是否幸福，并不取决于你的生活水平，反而更取决于你的心态。如果你感觉自己是幸福的。你就是幸福的，否则就是不幸福。所以，要想获得幸福其实很简单：就看你用什么样的心态去生活，你对生活如何理解，你的情感体验如何，也就是你的情商的高低。

我们知道，人与人之间有很小的差别，但是这很小的差别却造成了很大的差距，很小的差别在于情商的高低不一，也使得人们日常生活中行事的态度和行为方式很不相同。情商低的人会因为某些错误的处理方式而影响自己的人生，以至陷入人生的低潮漩涡，而情商高的人则会因为他们出色的情商表现而得到命运的青睐，拥有幸福美满的人生。

王春红和刘亚丽是大学时代的好姐们，毕业后很多年不见了。近日，她们在同学会上见面了。刘亚丽说：“哎哟！你怎么变成这个样子了，脸色这么难看？你心情不好吗？”王春红说：“我苦死了！我离婚了。我这辈子彻底完了！”“啊？你离婚了？你不知道吧，我也刚刚离婚。”是吗，你也离婚了。那我看你还兴高采烈的样子。”“为什么不高兴啊！我终于冲出围城了，我终于自由了！我要好好过我自己的日子！”

同样是离婚，为什么两个人的生活会有如此大的反差呢?

原来，离婚后，王春红认为自己是天底下最倒霉的女士，很长时间缓不过劲来，也没有去上班，她痛恨那个让自己失去爱和家庭的男人，整天以泪洗面。家人同事刚开始都好心好意劝她，她一点听不进去，还很敏感，觉得大家都在笑话她，不关心她。本是好意却换来尴尬和无趣，也就没有人再理她、再劝她了。心情不好，工作业绩自然也就下来了，不久领导要给她调部门，她心想领导是落井下石，就生气地辞职了。

而刘亚丽离婚之后觉得从未有过的轻松，她感到终于可以按照自己的想法过日子了。离婚后不久，就邀请她的同事、同学、朋友到她家里聚会，大家无拘无束，喝茶、聊天，好开心啊！心情好，工作也积极，好多事她都抢着干。“出差？我去！”领导说：“真是不好意思，你已经出差三四次了。这次就算了，还是叫别人去吧。”她却说：“没事儿，他们都拖家带口的，有孩子，有家庭，我光棍一个，还是我去吧！”同事感谢她，领导感激她。人缘好，态度好，开朗、热心又阳光，客户也越来越多了，业绩更是逐步提高。业余时间，她还自费参加MBA学习，并顺利地拿到学位证书。隔三岔五，约朋友一道去健身房锻炼身体，活得越来越精神了。又过了几年，刘亚丽有了自己的公司，遇上了自己真正相伴一生的男人，生活幸福而美满。

同样是离婚，两个女人的态度却大相径庭。这个事例告诉我们，人的幸福取决于心态，取决于情商的高低。高情商的人会将爱情、婚姻、事业、社交都经营好，即使遭遇了厄运也能够凭借自己的坚强、乐观和智慧去扭转命运。

幸福源于心境，心境源于自身。著名学者詹姆斯·爱伦说过：“我们的人生是靠自己的思想与行动创造的。正是我们的心境与心态决定着我们是幸福还是不幸，是坚强还是脆弱，是罪恶还是圣洁。如果一个人感觉到不幸福，他肯定有那种深感不幸的心境，而那种心境源于他自身。”所以，幸福源于一个好的心态，心态决定着你的幸福。

人生充满了选择，而生活的态度就是一切。你用什么样的态度对待你的人生，生活就会以什么样的态度来待你。情商低的人消极悲观，生命便会暗淡；情商高的人积极向上，生活就会快乐无边。

有一个叫米契尔的青年，一次偶然的车祸，使他全身三分之二的面积被烧伤，面对镜子中难以辨认的自己，他痛苦迷茫。他想到某位哲人曾经说的："相信你能，你就能！问题不是发生了什么，而是你如何面对它！"

他很快从痛苦中解脱出来，几经努力、奋斗，变成了一个成功的百万富翁。他不顾别人规劝，非要用肉球似的双手去学习驾驶飞机。结果，他在助手的陪同下升上天空后，飞机突然发生故障，摔了下来。当人们找到米契尔时，发现他脊椎骨粉碎性骨折，他将面临终身瘫痪的现实。家人、朋友悲伤至极，他却说："我无法逃避现实，就必须乐观接受现实，这其中肯定隐藏着好的事情。我身体不能行动，但我的大脑是健全的，我还是可以帮助别人的。"他用自己的智慧，用自己的幽默去讲述能鼓励病友战胜疾病的故事。他走到哪里，笑声就荡漾在哪里。一天，一位护士学院毕业的金发女郎来护理他，他一眼就断定这是他的梦中情人，他把他的想法告诉了家人和朋友，大家都劝他："这是不可能的，万一人家拒绝你多难堪。"他说："不，你们错了，万一成功了怎么办？万一答应了怎么办？"

多么好的思维，多么好的心态！他勇敢地向她表白、求爱。两年之后，这位金发女郎嫁给了他。米契尔经过不懈的努力，成为美国人心中的英雄，成为美国坐在轮椅上的国会议员。

心态的好坏对一个人的生活有着很大影响。一般来说，情商高的人持有乐观心态，他们做事积极主动、对未来充满信心，幸福感较高。

人的一生不可能一帆风顺，人都有脆弱和绝望的时候，关键在于你的心态，情商低的人不善于控制自身情绪容易陷入绝望，而情商高的人总是善于看到事物中积极有利、乐观向上的一面，他们常能心存光明远景，对未来有美好的期待，即使身处逆境，也能凭借乐观的心态、坚定的信念和顽强的毅力战胜困难、走出逆境。

在人生中，一个人只要注重提商情商、有较高情商，就必然会成就幸福人生，这是因为有较高情商的人都有较高的心理素质、思想素质或道德素质，都能较好地与他人相处并成就了他人幸福，从而也成就了自己幸福。可以说，情商决定了幸福感指数率，你有多高的情商，你的幸福感就有多高。

培养高情商，从控制管理自我情绪开始

生活中，一些人对自我情绪管理的能力较差，非常容易情绪化，乱发脾气。他们在受到他人的语言侵犯时，第一反应就是气

急败坏要么就是情绪低落。这种情绪化导致他们遇事不冷静，处理问题也不够理性，常常意气用事，恰恰彰显了人生的短板。这就是低情商的表现。

1936年9月7日，世界台球冠军争夺赛在纽约开幕。凭借高超的球技，路易斯·福克斯的得分超过对手很多，只要再得几分，他就能稳拿冠军了。就在这个时候，居然有一只苍蝇落在了主球上，他挥手将苍蝇赶走了。可是，当路易斯俯身准备击球时，那只苍蝇又飞回到主球上，在观众的笑声中，他再一次起身驱赶苍蝇。

那只讨厌的苍蝇破坏了路易斯的情绪，更为糟糕的是，苍蝇好像是有意跟他作对，他刚回到球台，它就又飞回到主球上来，引得台下的观众哈哈大笑。路易斯的情绪恶劣到了极点，他终于失去了理智，生气地用球杆去击打苍蝇，没想到球杆碰到了主球。裁判判路易斯击球，他因此离冠军远了一步。

在路易斯方寸大乱、连连失利之时，他的对手约翰·迪瑞却越战越勇，终于赶上并超过了他，摘得比赛桂冠。第二天早上，人们在河里发现了路易斯的尸体，他居然为了一次比赛投河自杀了！

控制和管理自我情绪是一门人生艺术。一个不懂管理自己情绪的人，是很难取得成功的。如果一个人过于情绪化、情绪起伏巨大，那他很容易丧失理智，进而做出不合现实的判断或错失良机。

无数事例向我们证实了同一个真理：情商就是一种情绪管理的能力。情商高，意味着情感管理的能力强，人际关系和社会适应力也相对较好；反过来说，情商低，就意味着一个人常常会陷入大悲大喜的情况，并因为这种巨大的情绪起伏而最终一事无成。他们太看重外界的评价，以至于失去了自己，甚至忘记了自己的目的。这类人通常无法专注地做好一件事，所以要取得成功也是难上加难。

20世纪60年代早期，美国有一位天资聪颖、才华出众的人，他曾经还担任过大学校长。他自认为资历很高、博学多识，于是信心十足地去竞选美国某州的议会议员。很多人都认为他很有希望在选举中获胜。然而，在选举的中期，他遭遇了一次挑战。某报纸刊登了一个很小的谣言，并且被散布出来。谣言说，在三四年前举行的一次教育大会中，这个大学校长跟一位年轻女教师“有那么一点暧昧的行为”。这实在是太离谱了，当看到这则谣言时，作为候选人的校长感到非常愤怒，并打算尽力为自己辩解。他无法控制住对这一恶毒谣言的怒火，以至于在以后的每一次竞选演讲时，他都而极力澄清事实，以证明自己的清白。

实际上，很多选民根本不知道这件事，大家都是在他一遍遍地解释中听到的，结果是越抹越黑。有些选民开始反问：“如果你真的没有做，为什么要百般地为自己辩解呢？”听到质疑声，大学校长更加愤怒，他更加气急败坏、声嘶力竭地在公众场合予以谴责，企图洗刷自己的清白。没想到，他的做法令人们更加相信谣言的真实性。令他绝望的是，他的太太也开始质疑他的诚信，并提出离婚。最后，他一败涂地。

上例中的人无疑是一个低情商的人，不仅无法主宰自己的情绪，还无法做一个成功的人。情商低的人，遇到一点不顺心或不愉快的事就会怒不可遏，任由自己的情绪胡乱发泄，结果只会让事情变得越来越糟糕。其因为负面情绪的充斥，所以对周围的世界与事物看不透、分不清，所以，极容易生出怨气和怒气来，长此以往，只会让众人远离，将自己推入绝境中。一个真正高情商的人，其内在思想是丰盈的，他对这个世界、对社会和人生都有一套较为完整的看法，所以，无论遇到何事何人都会保持淡定和从容。

戴尔·卡耐基说：“学会控制情绪是我们成功和快乐的要诀。”每个人的情绪都会时好时坏，能否控制自己的情绪是一个人心理素质的体现。当处于情绪低潮当中时，人们会迁怒于周遭所有的人、事、物，这是无可厚非的。要想更好地控制情绪，则有待于智慧的提升，而这种“智慧”的提升也就是情商的提升。

某公交集团有一位出了名的售票员，大家都唤她王姐。她所服务的公交车创下了几十年没有乘客闹事、投诉的记录。当被问到工作诀窍时，王姐腼腆地笑着：“我没有什么诀窍，就是脾气好而已。”

王姐经常向新参加工作的售票员讲述这样一个故事。在某年的十一黄金周，火车站客流量激增。每天上车的人很多，售票员都要不住地劝说：“门口的乘客请往里挪一挪！”又一次，在王姐服务的车上，车门关上的一刹那，突然跑来一个乘客。车门一关，那个乘客的脚就被夹在门缝里。

王姐急忙开门，那乘客一上来就对司机火冒三丈地嚷：“你怎么开车的，人还没上完就关门，找投诉的吧？”

车里的气氛顿时紧张起来，眼看一场舌战就要爆发。然而，王姐的举动却出乎所有人意料，她走到这位乘客身边，态度和善地道歉：“非常抱歉，由于我们的失误让你受伤了。”

那乘客还是不依不饶，不但占用了王姐的售票员专用坐，还一定要王姐在下一站带他去医院检查。面对乘客的无礼行径，王姐没有生气，依旧和颜悦色地说：“请您谅解，等我跑完这趟之后，就立马陪您去医院！”

一路上，王姐不停地询问乘客的伤势。等到站时，那位乘客有些激动地说："其实，我的脚一点问题都没有，只是一时生气想发泄一下。你态度这么好，我就不为难你了。谢谢你的服务，下次见吧。"

在与乘客的关系中，王姐成功地控制住了自己的脾气，看似出于被动地位，其实事事主动。没有人在和气的糖衣公关下不屈服的，也没有烦恼不会融化在和颜悦色中。所以，王姐正是成功地操控了自己的情绪，才操控了整个车厢的气氛。如果王姐没有和颜悦色地安抚乘客，结果可想而知，这位愤怒的乘客肯定会拨打投诉电话，王姐将会因此受到处罚。

在生活中，我们免不了会遇到种种不如意，只不过大家管理情绪的能力有高有低，有的人容易因此大动肝火，以致把事情搞得越来越糟；有的人则能很好地管理自己的情绪，气定神闲地面对各种刁难，从而在生活中立于不败之地。情商高的人，往往会像上面那位售票员王姐一样，最终凭借管理自我情绪而赢得人们的认可和敬重。

假如你要快乐幸福地生活，那你就要努力学习了解和管理自己的情绪，这也是提高你的情绪智商的不二法门。情商就是这样一种管理情绪的艺术，掌握并认真利用好这门艺术，你就可以拥有一个别样的人生。

提高情商，提升人际交往能力

交往是人的需要，也是社会对人的要求。人际交往能力就是觉知、调控、管理他人情绪的技巧与能力，它是情商的一个重要部分。人际交往能力可强化一个人的受社会欢迎程度、领导与管理权威、人际互助的效能等。擅长处理人际交往者，在各种复杂的人际关系中，游刃有余，事事顺利。

良好的人际交往能力以及良好的人际关系是人们生存和发展的基础，通过交往，人们能够互相交流信息和感情，协调彼此之间的关系，达到共同活动的目的。卡耐基曾说过，一个成功者，专业知识所起的作用是15%，而交际能力却占85%。人际关系的和谐，交往本领的高强，是未来社会判断成功者的重要标准。

可是，在现实生活中却有一些人情商较低，他们根本就不懂得如何进行人际交往，或不擅长人际交往，总是把自己孤立起来，和他人之间的关系弄得很糟糕，说话做事也向来都不讨喜，总是能够不经意间就让身边的人受伤，和他们相处是一件很累的事情。

周玲是一位博士。她很聪明，并且十分漂亮，在博士学业上一直都是佼佼者，她是父母和乡邻的骄傲。在农村能够培养出一位大学生已经很不容易，更何况像她这样的女博士，更是难得了。

由于她的各科成绩都十分优秀，毕业之后很快就被一家知名的企业录用了，开始了朝九晚五的生活。但是没多久情况就发生了变化。渐渐地主管发现她待人接物的态度很差，喜欢乱发脾气，与同事的关系总是搞得很不愉快，而且十分高傲。

针对这些问题，主管找周玲沟通了许多次，但是每次她都是以孤傲的姿态对待。起初主管还很耐心地教导，在他眼里周玲毕竟是一个刚毕业的学生。但时间久了，周玲依旧我行我素，屡教不改。最后主管只好向上级申请将她辞退。

之后周玲又先后去了多家公司，都被莫名其妙地遣回，她心里烦闷极了。她一直搞不明白，明明自己工作做得十分优秀，为什么总是被辞退呢？因为这个原因，她都不愿意回家了，她觉得自己对不起父母乡邻。

是什么造成了周玲的这种结果呢？无疑是因为她的情商太低，不擅长控制自己的情绪，不能恰当地处理人际关系。生活中，不乏这样的人，他们“一心只读圣贤书”，往往忽略了情商的修炼，比如如何与他人交际、如何待人接物等。结果在进入社会以后，不能及时适应，往往会感到痛苦不堪。

随着社会的发展，人际交往的功能越发显得重要，一位成功学专家说：所有成功的人之所以成功，是因为他的人际关系非常好。不会与人交往的人，在社会上很难受到别人的欢迎的，而一个不受欢迎或不被他人接纳的人，也是根本不可能取得成功的。

一般来说，情商低的人不喜欢与人打交道，因为在他们心里认为和人打交道很困难，久而久之就会变得自我更加封闭。而情商高的人呢？他们知道人与人之间都平等，另外他们心里清楚见到的人就是见到了财富，所以他们喜欢去人多的地方凑热闹，他们喜欢认识陌生人，打造自己的人脉圈，为自己未来打下良好的基础。

有一个温州小伙子打算去北方某城市需求发展。在郑州站转火车时，因人流拥挤，不小心踩了一位老者的脚。他赶忙道歉，态度尽管诚恳，但老人却听不懂他那云山雾罩的温州话，反倒以为他是在替自己辩解，指责老人的不对。

老者平生最讨厌不讲礼貌的吼声，便很严厉甚而苛刻地训斥了他。被骂得晕头转向的小伙子口上不说，心里却暗怪老者不讲道理。谁知上了火车，落座之后恰巧与老者坐了个面对面。

小伙子担心自己不善于讲普通话，再发生误会引起更大的不快，故而不想招惹老者。但后来通过老者与旁边人的对话，了解到老者原来是自己要去的城市一位颇有地位的人，于是便一改初衷，主动搭腔，并一字一句力求老者明白他是在道歉，并邀请老者共进午餐。

老者为自己的误解感到惭愧，也为小伙子的诚心所感动，于是留下了自己的地址和电话。此后，小伙子便常常带些礼物去老者家中探望，精诚所至，两人竟成了忘年之交。在老者的帮助下，他在这个人生地不熟的城市里站稳了脚跟，赢得了比其他温州同乡更大的发展机会。

曾任美国总统的西奥多·罗斯福曾说：“成功的第一要素是懂得如何搞好人际关系。”的确，成功要靠别人，而不是单凭自己。一个人有多成功，关键要看他服务了多少人，和多少人在为他服务。所有成功人士都有一个共同点，就是拥有大量的朋友资源，并保持着良好的关系。

当今社会，人际交往能力已经成为衡量其情商的重要标尺。高情商的人总是能够在交际的过程中如鱼得水、左右逢源。无论是面对亲朋还是好友，熟人还是生人，他们总能将自己最好的一面展示给他人，以此增加自己的人格魅力，赢得更多的支持。你拥有这样的高情商吗？如果没有的话，请跟随本书努力学习吧！

第二章

认识自己：了解最真实的自己

认识自己，做自己内心的旁观者

有句古话叫："知人者智，自知者明。"意思是：了解别人的人智慧，了解自己的人聪明。我们只有先深刻地认识自己，才能有效地管理自己。

在古希腊帕尔索山上的一块石碑上，刻着这样一句箴言："认识你自己。"据说这是阿波罗神的神谕。卢梭对这一碑铭有极高的评价，他认为："比伦理学家们的一切巨著都更为重要，更为深奥。"显然，认识自己是至关重要的，而能正确地认识自己也同样是很不容易做到的。古往今来，那些低情商的人很难认清的是自己，就像身居山中，难以看到山的真实面目。而情商高的人，无论身在何处，都不会迷失自己，他们知道自己在做什么、想做什么或怎么做，这也就是"自我认识"。

自我认识，心理学上叫自我知觉，是情商的重要核心之一。心理学研究表明，认为自己是怎样的一个人比自己实际是怎样的一个人更为重要。自我认识正确，就能在心理上控制自己，使自己的行为恰到好处；否则，不清楚自己的思想、行为到底该往哪个方向发展，必然处处碰钉子、犯错误。

一只猴子偶然间拾到了海狗的一套服装。于是，它将那套服装穿在了自己身上。它照了照镜子，发现自己很像海狗。它走到大街上，许多动物见了它，都说："瞧，那是海狗，一位游泳健将，本事可大了。"

一开始，猴子觉得大家夸的是海狗，并非自己。自己穿上海狗的衣服，并不意味着自己变成了海狗。可是，随着时间的推移，夸奖猴子的动物越来越多。一些动物组织还请猴子去演讲。猴子想，海狗有什么了不起，我这只猴子的本事也是不小的。想到这儿，它便答应了各动物组织的邀请。它很擅长演讲，口若悬河，滔滔不绝，精彩极了。它的演讲不时赢得雷鸣般的掌声。当然，它只能说自己是海狗，不能说自己是猴子。它心里说，就是真让海狗来演讲，也根本达不到这个水平。

日子久了，猴子发现自己的一举一动真的与海狗差不多了，心想，莫非上天把自己变成了一只不凡的海狗?

一天，又有动物组织来请猴子演讲，猴子有些累了，于是说："别找我了，我是一只猴子，不是海狗。"那位动物组织的头领很不高兴，它说："你是海狗，那还有假？你说你是猴子，哪有这么出色的猴子。你名气大了，架子就大了，还说自己是猴子，想唬我们，太不仗义了！"

听了这番话，猴子感到很高兴。于是，它就给那家动物组织作了演讲。当然，效果是很好的。猴子暗想，大概这是天意。自己想变回猴子都难了，索性就把自己当成海狗吧。日子一天一天地过去，猴子整天扮演着海狗的角色。

这天，猴子在大海中的船上给一家动物组织演讲。猴子兴致勃勃，讲得眉飞色舞，并不时地赢得动物们的热烈掌声。显然，它的演讲又一次获得了巨大成功。演讲完毕后，猴子觉得兴致未尽。于是，它忽然心血来潮，说要当场为大家表演游泳绝技，动物们当然求之不得。于是，大家纷纷为它呐喊助威。此时，它已经把自己是猴子的事忘得一干二净，它真的以为自己是一只神勇无比的海狗了。于是，它突然跃起，扑通一声就跳入海中。猴子很快就被淹死了。海龟看着猴子的尸体，惋惜地说："忘记自己是谁，是一件多么危险的事情呀。"

这个故事告诉我们，只有对自己有一个清醒的认识和定位，在面对生活的种种诱惑时，才不会迷失自己。

古人云："人贵有自知之明。"这是人们对自我认识的正确态度，是高情商者的成功经验之一。认识自己能使人感到个人力量的渺小，冷静评价个人的能力，能够促使自己更好地把握个人的抉择，并有效地进行自我管理，这样才能够给自己有一个正确的定位，给自己设置正确可行的目标，让自己充分发挥潜能。

一个人能不能成功，不在于他拥有多少优越的条件，而在于他如何认识自我，如何运用这些条件。正确的自我认识，是把自我放到一个恰当的位置，抱着对自我负责任的态度，来认识自己的能力、价值、长短、优劣。一个高情商的人能够正确估价自己，有能力接受自己目前所处的现状和环境，去思考该怎么去面对生活。

加拿大少年琼尼·马汶读书总是很费劲。高二年级时，一位心理学家把这个十六岁的少年叫到办公室。“我一直很用功的。”马汶苦恼地说。

“问题就在这里，孩子，”心理学家说，“你一直很用功，但进步不大。高中的课程看起来你有点力不从心。再学下去，恐怕你就是浪费时间了。”

孩子用双手捂住了脸：“那样，我爸爸妈妈会难过的。他们一直指望着我有出息。”

心理学家用一只手抚摸着孩子的肩膀。“工程师不识简谱，或者画家背不全上九九表，这都是可能的。但每个人都有特长，你也不例外。终有一天，你会发现了自己的特长。到那时，你就会让你爸爸妈妈为你感到骄傲了。”马汶从此再也没有去上学。

那时候城里的工作很难找。马汶替人整建园圃，修剪花草。不久，雇主们开始注意到这位小伙子的手艺，他们称他为“绿手指”，因为凡是经他修剪的花草无不出奇的繁茂美丽。

一天，马汶凑巧来到市政厅，又凑巧碰到参议员。他发现前面有一块污泥浊水的垃圾地，就提出了可以把它改建成一个花园。

“市政厅缺少这笔钱。”参议员说。

“我不要钱。”马汶说，“只需要交给我就行了。”

参议员大为惊讶，他从政以来，还不曾碰过哪个人办事不要钱呢！他把这孩子带进了办公室，当即办妥了批准手续。

当天下午，小马汶拿着几样工具，带上种子、肥料来到目的地。一位热心的朋友给他送来了一些树苗；一些相熟的雇主请他到自己的花圃剪玫瑰用来插枝；有的提供篱笆用料。不久，这块肮脏的污秽场地变成了一个美丽的公园：绿茸茸的草坪，曲曲幽幽的小径，他们在条椅上坐下来还能听到鸟儿的歌唱。全城百姓，争相夸赞小马汶。

不错，马汶至今还没有学会说法语，也不懂拉丁文，微积分对他来说更是个未知数。但色彩和园艺是他的特长，二十五年后的今天他已经成为一名园艺家。

故事中琼尼·马汶后来的转变，完全是基于对自身准确认识之后的调整。由此，我们可以看出，认识自己是把握自己、发展自己和超越自己的前提。只有不断将自己的错误形象清除，我们才能发现真正的自我，才能在事业中不断前进，并实现自己的梦想。

我们每个人都是有缺点的，都是不完美的，认识你自己，就是要能够发现自己的不足与缺点，发现自己的不完美之处，然后，你就能够有意识地去改变自己，去完善自己，你也就能够做自己命运的主人，就能够成为受人尊敬的人。

尼采曾经说过："聪明的人只要能认识自己，便什么也不会失去。"正确认识自己，才能使自己充满自信，才能使人生的航船不迷失方向。人首先应该给自己一个定位，自己到这个世界上来究竟是干什么的，必须有个十分清晰地描述，离开了这个描述，人就会迷茫，就会失去前进的方向，就会在一个个十字路口徘徊，这样的人生是没有意义的。

认识自己，是非常困难的。但对自己有一个正确的认识，是做人的一个最起码要求。一个情商高的人善于正确、全面地认识自己、了解自己，从而正确、全面地看待自己、改善自己。

重视自我意识，做自己喜欢的事情

人首先要认识自己，然后做自己的事、走自己的路。然而很少有人能认清自己的专长、了解自己的能力，然后锁定目标，全力以赴。

其实，不必看轻自己，要相信你的能力是独一无二的。有个漫画家认为人生有两件事很重要：第一，知道这一辈子什么事情是自己最爱的；第二，知道什么是自己非要不可的。的确，找到自己喜欢做的事，就可以置身一处，然后制心一处，获得身心安顿。一个人的成功主要来自他自己对擅长的工作的专注和投入，无怨无悔地付出努力，才能享受甘美的果实。

王芳是个循规蹈矩的孩子，凡事都听从父母的安排。这并不是因为她没有主见，正相反，她很有自己的想法，只是因为她很爱父母，所以不愿去忤逆他们的意愿。

王芳高考前后，和父母产生了很大分歧。父母希望她去学医，可她对医学根本就没有兴趣。她喜欢写作，她的志向是成为一名出色的作家。父母认为医生无论是在收入上还是社会地位上，都可以让她在以后的生活中得到更多的幸福。

这一次，王芳努力说服父母，希望他们可以让她做自己想做的事情。一贯强势的父母觉得她还是个孩子，他们必须为她找寻更好走的道路，最好是没有任何坎坷和障碍的路。王芳很烦恼，她理解父母的好意，不想伤害他们；可对她来说，今后要一直坚持一件自己并不喜欢的事情，是非常艰难的。她明白，这一次选择对她今后的生活会有很大影响，她必须要慎重。

经过和父母多次的反复沟通，父母理解了她的想法，却并没有让步。他们带着她与相识的医生共进晚餐，让她了解医生的生活与工作，还带着她去医院参观医生们工作的环境。然而这些却让王芳更加坚定了自己的想法。她告诉父母，她真的无法去学医，因为并不能用心学习，可能也无法成为一名好的医生，与其这样，还不如让她做自己真正想做的事情。

父母从一开始的不理解，到后来的理解，最后因为王芳的坚定而感动。父母认为王芳已经是个大孩子了，也应该给她自己选择的权利。这一次，他们同意了王芳的选择，并祝福她、支持她。

王芳坚持了自己的兴趣爱好，后来成了优秀的作家，出版了很多畅销书。虽然这条道路走得很辛苦，但她却觉得充满了满足感和幸福感。

做自己喜欢的事才会实现理想的目标，才会活得更从容、更有幸福感。其实，幸福是一种感觉，只要你体会到了，那幸福才属于你。人生有太多的事，如果你做的正是你喜欢的事，你就会从中得到很多乐趣，那你应该能体会到一种幸福的感觉。相反，你做的是你不喜欢的事情，你就不会有快乐的感觉，当然也就不会幸福。

一位名人说过：“你一定要做自己喜欢做的事情，才会有所成就。”当然，做自己喜欢做的事，并不是那么容易的。事实上，大多数人都在做他们不喜欢的事情，却又必须逼着自己把不喜欢的事情做得更好。在这种乏味的情况下，他们会经常失去动力，时常遇到事业的瓶颈，而没有相应的解决方案。他们不断地征求别人的意见却还是照着一般生活方式生活。凡事没有多大的进展，甚至是在原地徘徊。这些当然不是他们想要的，但是由于客观的原因以及条件的制约，他们当中却很少有人试着去改变自己的状况。

据调查，有28%的人正是因为找到了自己最喜欢且擅长的职业，才彻底地掌握了自己的命运，并把自己的优势发挥到淋漓尽致的程度。这些人自然都跨越了弱者的门槛，而迈进了成功者之列；相反，有72%的人正是因为不知道自己的“对口职业”，而总是别别扭扭地做着不擅长的事，因此，不能脱颖而出，更谈不上成大事了。实际上世界上大多数都是平凡人，但大多数平凡人都希望自己成为不平凡中的一员，梦想成大事，才华获得赏识，能力获得肯定，拥有名誉、地位、财富。不过，遗憾的是，真正能做到的人，似乎总是不多。如果你幸运地找到了你喜欢做的事，你就应该勇敢大胆地去做，而不必理会世俗的眼光。

李开复在美国的时候，如果不是因为那次重要的决定，他到现在都还有可能只是美国一个小镇上名不见经传的律师。

李开复考上了哥伦比亚大学的法律专业后，被很多人羡慕，觉得以后从事法律工作将会是一件很体面的事情。刚开始，李开复为自己设计好了未来：毕业后做一名律师，这个行业不但收入不错，还能得到人们的尊重。

可是，过了不到半年。李开复却苦恼起来。因为，他渐渐发现自己真正的兴趣并不在法律上，而且自己根本就不喜欢法律。每天上课时，他总是昏昏欲睡，整个人打不起一点精神。在这段时间，李开复思考得最多的一个问题是："我的人生该何去何从呢？"

百无聊赖中，他接触到了计算机。很快，他便疯狂地迷上了计算机。他在图书馆借了大量编程的书籍，每天都不知疲倦地练习编程。对于这样"不务正业"的举动，老师和同学们都感到非常惊讶，他们认为李开复真的是疯了。

大二那年，李开复思考了很长时间？终于做了一个重要的决定：放弃自己的专业，转入计算机系学习编程。

在那个时代，计算机还属于高科技的产品，它究竟能给人们的生活带来多大的影响还是个未知数。而且，当时的哥伦比亚计算机系也是刚刚成立，来报名学习这个专业的学生非常少。因为，大家不知道学习计算机以后究竟能做什么工作。

从受人尊敬的律师转到一个前途未卜的领域里来，这使认识他的人都深为不解。许多朋友都劝他三思而行，不要放弃前途光明的法律专业。但李开复去毅然地决定坚持自己的选择。因为他知道，人的生命只有一次，不应该浪费在自己不喜欢的事情上，而是用自己的一生时间去学习和研究自己感兴趣的领域。

没想到的是，他一入计算机领域，便如鱼得水，整个身心充满了激情。后来，他又进入卡内基梅隆大学，继续攻读计算机方面的硕士及博士，并获得了计算机专业博士学位。他开发的“语音识别系统”获得了《美国商业周刊》最重要发明奖。他于1998年加盟微软，创立了微软亚洲研究院。2000年他升任微软全球副总裁，是微软高层里职位最高的华人。2006年他又出任Google公司全球副总裁、中国区总裁。

后来，已经是微软副总裁李开复在一次采访中说：“我觉得自己之所以有今天的成就，最重要的原因就是自己上大学时的那个重要决定。在那个时候，我也并不知道计算机能够发展到现在这么高的水平，我只是知道自己喜欢计算机，当我选择学习计算机时，我的生命就有了努力的方向。”

成功的秘诀就是做自己喜欢且擅长的事情。心理学认为，当一个人从事自己所喜爱的职业时，他的心情是愉快的，态度是积极的，而且他也很有可能在所喜欢的领域里发挥最大的才能，创造最佳的成绩。

人的生命是有限的，抓紧时间去做自己想做的事情，把梦想变成现实，千万不要将梦想带进坟墓，让自己后悔。因为，生活中最大的幸福，就是放手做自己真正想做的事情，并乐在其中，做到最好。那么究竟是谁有能力决定你的未来是幸福还是不幸呢？答案只有一个——你自己。认识自己，做自己，按自己的方式生活，你才会安住在当下，不懊悔过去，不焦虑未来，也才有可能遇到一种全然喜悦的生命状态。

你可能永远都达不到顶峰，但是如果你正在做你喜欢的事情，那么与其中蕴藏的快乐相比，财富或名声又算得了什么呢？所以，努力找到自己喜欢的事并为之奋斗不息，你将会拥有一个充实快乐的人生！

正确对待缺点，它也能展现魅力

有一句格言说："不是因为遭遇了挫折，我们才迷失自我；而是因为我们迷失了自我，才会有那么多的失败。"有较高情商的人是很少迷失自己的，因为他们懂得欣赏自己。对于自我，他们坦然地承认、欣然地接受，不排斥自己、欺骗自己，当然也从不拒绝自己、怨恨自己。欣赏自我是我们在培养高情商的道路上必走的一步。

每个人不可能十全十美的，都会有缺陷，不要因为这些缺陷而恼恨，要勇敢地面对缺陷，将自卑甩在身后，才能让我们重新扬起自信的风帆，才会使我们重新展开希望的翅膀，从而抵达胜利的彼岸。

有一个孩子，在他很小的时候就双目失明了，他为自己不能看见这个世界而烦恼，认为这是上天的惩罚。直到有一天，他遇见了一位老师，才渐渐地从阴影中走出来。老师见他第一眼后就明白了他的想法，随后，老师开导他说："每个人都是被上天咬过的苹果，所以或多或少都会存在缺陷，只是有的人缺陷较为明显，有的人缺陷较为隐蔽。缺陷较大的人，只是因为上天特别喜欢他的芳香。"

盲童听后内心大受鼓舞，从此就将失明看成是上天对自己特殊的钟爱，渐渐地从阴影中走出来，开始了崭新的生活。自信满满的他，开始向命运发起挑战，经过自己不懈的努力，他最终成为一名优秀的盲人推拿师，为许多病人解除了病痛，得到了世人的尊重。

将缺陷、不足看成是上天的另一种恩赐，虽然看起来有点自我安慰的意味，但更多的是精神上的鼓舞，面对人生中诸多不如意的事情，又有谁不需要寻找安慰的理由呢?

安迪右手只有4根手指，他的梦想就是做一名电视节目主持人。虽然安迪具备一个优秀的电视节目主持人几乎所有的条件，但是各电视台的负责人看到他患有残疾的右手都婉言地回绝了他。

经过18个月的努力，安迪终于被一家电视台录用。然后安迪以最自然的态度去面对观众和自身的缺陷。安迪真诚、自信、充满魅力的解说，受到了当地群众的热烈欢迎，随后，观众来信不断，他们热情赞美了安迪的主持艺术，对于他面对缺陷的坦率给予了热烈的赞美，几乎所有人都接受了他。他最终成了美国一名杰出的电视节目主持人。

这个故事告诉人们，如果能够坦然地、微笑着面对自己生命中的一些缺憾和不足，愉悦地接纳自己，运用积极的思维扬长避短，充分发挥自己的潜力，同样会带来“柳暗花明又一村”的美景。

墨子说过：“甘瓜苦蒂，天下物无全美。”世界永远存在缺陷，个人也就难免会有缺陷。缺陷人人会有，而关键在于我们如何去对待它。我们只有接受缺陷才能够看到更完美的人生，我们要学会欣赏自己的不完美，学会利用缺陷，将它转化成成功的有利条件。正视缺陷，它将激发出我们更大的创造力和激情。

有一个10岁的美国小男孩里维，在一次车祸中失去左臂，但是，他很想学柔道。最终，里维拜一位日本柔道大师做师傅，开始学习柔道。3个月里，师傅只教了一招，里维有点弄不明白。

几个月后，师傅第一次带里维参加比赛。里维没有想到，自己居然轻轻松松地赢了前两轮。第三轮稍稍有点艰难，对手很快就变得有些急躁，连连进攻，里维敏捷地施展出自己的那一招，又赢了。

就这样，里维稀里糊涂地进入决赛。决赛的对手比里维高大、强壮许多，似乎更有经验。有一段时间，里维显得有点招架不住，裁判担心里维会受伤，叫了暂停，打算就此终止比赛。然而，师傅不答应，坚持说："继续下去。"比赛重新开始，对手放松了戒备，里维立刻使出自己的那一招，制服了对方，赢了比赛，夺得冠军。

回家的路上，里维和师傅一起回顾每场比赛的细节。里维鼓起勇气道出心里的疑问："师傅，我怎么凭一招就能赢得冠军？"师傅答道："有两个原因：第一，你几乎完全掌握了柔道中最难的一招；第二，就我所知，对付这一招唯一的办法，是对手抓住你的左臂。"所以，里维最大的劣势变成自己最大的优势。

人不怕有缺陷，关键是应以正确的态度对待缺陷。把缺陷当成前进的阶梯，克服掉自身的不足，人生就会走向更高的境界。当然，不是说越是身体有缺陷越容易成功，越是家境贫寒越容易成才。举上面的例子，就是想说明一点，那就是即使你有什么弱点，有什么缺陷，也不能因此丧失自信心，因为这些都不是你成功的障碍。只要你有志气，有决心，你完全可以克服自己的不足之处，甚至还可以把你最弱的地方转化为最强的部分。

有一位成功人士曾说："别在乎别人对你的评价，否则，这会成为你的包袱，我从不害怕自己得不到别人的喝彩，因为我会记得随时为自己鼓掌。" 人们要学会接受自己的不完美，接受之后要学会淡然面对，这种淡然的精神并不是每个人都有的，它表现的是一种对生活的豁然与自信。此时的缺陷不再是一种需要去刻意掩盖或自卑的东西；，也不再是失败的借口或者自我安慰的谎言，而是在生活中为自己争取其他优势的资本，是成功道路中必然经历的过程。

把自己安排在合适的位置上，
经营出有声有色的人生

自我认识的一个重要方面就是认识自己的优势，找到自己的位置。"尺有所短，寸有所长"，我们每个人都有自己天生的优势，也有自己天生的劣势。如果你能经营自己的优势，就会给生

命增值；反之，如果你经营自己的短处，那会使你的人生贬值。所以，只要你善于发掘自己的潜力，发挥自己的优势，经营自己的长处，就能找到发展自己的道路，创造美好的人生。

作家冯骥才在步入文坛之前，曾是一名专业球队的职业球员，球艺一般，后又去学画，也没有成果。但他在学画时偶尔也写些东西，终于发现自己擅长文学。此后，他一气呵成，写出了成名作《义和拳》。

伦琴原来是学工程科学的，他在老师孔特的影响下，做了一些物理实验。由此他逐渐体会到，这就是最适合自己干的行业。后来，他果然成了一位很有成就的物理学家。

阿西莫夫是一位科普作家，是一位自然科学家，他的成功，同样得益于对自己的再认识、再发现。一天上午，当他正坐在打字机前打字的时候，突然意识到："我不能成为第一流的科学家，却能够成为第一流的科普作家。"于是，他几乎把全部精力都放在了科普创作上，并取得了非凡的成就。

法国生物学家拉马克，更是碰撞过多种职业才开始进入科学领域的。他本来准备当牧师，后来步入军界，走出军界后又做了银行职员，这期间他又研究音乐和医学。就在一次植物园的散步中，他幸运地碰到了卢梭。从此，他才进入了大有用武之地的生物科学界。

无数事实都告诉我们这样一个道理，人生成功的诀窍在于经营自己的长处，找到发挥自己优势的最佳位置。在选择人生努力的方向时，只要你确定了最能使你的品格和长处得到充分发挥的目标，锲而不舍地走下去，终会获得成功。

俗话说：“树挪死，人挪活。”天无绝人之路，每个人都可以拥有自己的成功。所谓“三百六十行，行行出状元”。当然，你要想成为状元，就必须找准行业。这里并不是教你像无头苍蝇似地乱闯瞎碰，而是教你重新发现自己，认识自己的特长和优点，该冲锋时冲锋，需回头时回头。

嘉芙莲女士原是美国俄亥俄州的一名电话接线员，天赋加上长期的职业锻炼，她的口齿伶俐、声音柔和动听以及态度热诚，在当地很有“口碑”，受到用户的普遍赞赏。嘉芙莲是个胸怀创业大志的人，她不想一辈子就当一个普普通通的电话接线员，她要当老板，要开创自己的事业。她知道商场如战场，任何不着边际的空想都只能是画饼充饥，一定要从自己的实际情况出发，寻找自己所长与社会所需的结合点，从这里起步干出自己的一番事业。从这种观念出发，她回头审视自己的生活，主意就来了：利用自己的天赋条件成立一家电话公司。后来的事情可想而知，嘉芙莲女士不但拥有了自己的公司，而且还成为了商业界的一位成功人士。

从嘉芙莲女士的成功中，我们不难发现，善用自己的长处是多么明智的选择。在人生的坐标系里，一个人如果不能保持理性，站错了位置，用他的短处而不是长处来谋生的话，那是非常不明智的，他可能会在永久的卑微和失意中沉沦。

爱默生曾说过：“什么是野草？就是一种还没有发现其价值的植物。”很多时候是我们不清楚自己的位置，找不到发挥的舞台，荒废了自己的才能。而一旦发现自身的特质，就能帮助我们找到自己的定位，让我们在所从事的工作中游刃有余。

朱明瑛是一位蜚声中外的歌舞表演艺术家。她集美声、民族、通俗唱法于一身，能歌善舞的特殊才华给中外观众留下了深刻的印象。她录制的唱片曾荣获过云雀奖和金唱片奖，发行量最高达180万盒。她出访过19个国家，能用26种语言表演不同国家民族风格的歌舞。她那歌与舞、情与声融为一体的表演魅力，征服了世界各地的观众，在国际上享有盛誉。是什么使她取得了如此惊人的成就，赢得观众的厚爱呢？

其中的原因很多，比如坚忍不拔、吃苦耐劳的品格，以及对艺术的献身精神等等。然而，有一点是最不能忽视的，那就是：她能够清醒地认识自我，为自己找到了准确的定位，注意发挥自己的特长，培养自己的特殊才能，使她无人能替代、无人能超越的特殊本领赢得了观众的心。

朱明瑛曾经这样描述她在为自己寻找定位时的心态变化：“你知道吗？我曾经一夜一夜地睡不着，看着天一点一点地亮起来，内心却一点也无法平静下来。我不断对自己进行分析。我想，我乐感好，学外语的接受能力强，还有这么多年的舞蹈训练。我把我的舞蹈、外语和音乐方面的才能结合起来，是可以闯出一条一边舞蹈一边演唱外国歌曲的新路子的。亚非拉的艺术很需要载歌载舞，团里还没有这样的演员，我要来填补这个空白。”接着，她还引用了居里夫人的一句话来支撑自己的信念，其大意是：我应该相信，自己对于某项事业有特殊的才干，并且不惜任何代价来完成这项事业。

“人摆错了位置就永远是庸才。”一个人成功与否，在很大程度上取决于自己能不能扬长避短，善于经营自己的长处。如果一个人不是经营自己的长处，而是扬短避长，过高或过低地估量自己，那么，他的人生之路将是非常崎岖和艰难的，他可能终生劳碌但永远不会成功；相反，若善于发挥自己的优势，经营自己的长处，就可能很快驶入事业的快车道，创造出丰富多彩的人生。

现实生活中，每个人对自己的人生道路，对自己的优势都应该进行一番设计，保持理性的头脑，真正认清了方向，加以精心培养，就可以少走弯路，事半功倍，早日成功。在人生的路上，只要善于发掘和利用自己的优点，就会成为一个成功人士。

失败者从别处找借口，成功者从自身找原因

有这样一个寓言故事：

一天，一只鸭子跑到国王面前控诉："国王陛下，法令曾宣布森林里的动物之间要相互友爱、和平相处，但现在却有人违背了这原则。"

"谁这么大胆，竟敢打破和谐的秩序？"国王急切地问道。

鸭子抹了抹眼泪，委屈地说道："今天上午，我潜到水底之前，把我的孩子托付给老马照顾，它非但不好好照管，还踩伤了我的孩子，现在，我要来讨回公道！"

于是，国王在森林里召开了公开的审判大会，他把老马叫来，问道："你受人之托，应当忠人之事，你为什么不好好地照看鸭子的孩子。"

老马委屈地回答："是的，我本应好好照看，但是，我

的确不是故意的，更不是邪恶的目的，我听见啄木鸟用长嘴敲出鼓一样的声音，我以为战争降临了，我惊慌失措地急于逃避战争，不慎踩到了鸭子的孩子，我发誓，我绝对不是有意的。”

国王叫来了啄木鸟问：“是你敲出鼓声宣告战争要降临了吗？”

啄木鸟回答道：“是我，国王，但我这么做是因为看到蝎子在磨它的匕首。”

国王叫来蝎子问：“你为什么磨你的匕首？”

蝎子回答说：“因为我看见乌龟在擦它的盔甲。”

国王叫来乌龟问：“你为什么擦你的盔甲？”

乌龟辩解说：“因为我看见螃蟹在磨它的刀。”

国王叫来螃蟹问：“你为什么磨刀？”

螃蟹回答说：“我看见虾在练标枪。”

国王叫来虾问：“你为什么练标枪？”

虾辩解说：“因为我看见鸭子在水底吃掉了我的孩子！”

听完了上面的回答，国王看着鸭子说：“现在，你明白孩子不幸的根源了吧！主要责任不在老马身上，而应该算在你自己的头上，这就是‘种瓜得瓜，种豆得豆’。”

发现别人的错误容易，认识自己的错误难。其实，人们也经常犯下类似鸭子的错误，看不到自己的过错，总是把责任推给别人，不懂的反省自己的行为。

反省，是一种最优秀的品质，只有经常反省的人才能进步。所谓反省，就是反过来省察自己，检讨自己的言行，看一看有没有要改进的地方。

纳德·兰塞姆去世后，墓碑上工工整整地刻着他的手迹："假如时光可以倒流，世界上将有一半人可以成为伟人。"有人在解读兰塞姆手迹时说："如果每个人都能把反省提前几十年，便有50%的人可能让自己成为一名了不起的人。"他们的话，道出了反省之于人生的意义。

苏格拉底说："一个没有检视的生命是不值得活的。内省不仅是了解自己做了什么，最重要的是透过它了解自己真正的意图。"柏拉图说："内省是做人的责任，没有内省能力的人不配做人，人只有透过自我内省才能实现美德与道德的兼顾。"确实如此，不反省就无法真正地认识自我，更不要说取得成功了。

我们每个人都要经常跳出自身反省自己，取出自己的心，一再地检视它，这样才能真正了解自己。古今中外许多伟人和智者，就是通过反省来战胜自己内在的敌人，打扫自己思想灵魂深处的污垢尘埃，减轻精神痛苦，从而净化自己的精神境界。

爱因斯坦小时候是个十分贪玩的孩子，他的母亲常常为此忧心忡忡，再三的告诫对他来讲如同耳边风。到16岁的那年秋天，一天上午，父亲将正要去玩的爱因斯坦拦住，并给他讲了一个故事，正是这个故事改变了爱因斯坦的一生。

“昨天，”爱因斯坦的父亲说，“我和咱们的邻居杰克大叔去清扫南边工厂的一个大烟囱。

那烟囱只有蹬踏梯才能上去。你杰克大叔在前面，我在后面扶着扶手，一阶一阶地终于爬上去了。下来时，你杰克大叔仍旧走在前面，我还是跟在他的后面。后来钻出烟囱，人们发现了一个奇怪的事情：你杰克大叔的后背、脸上都被烟囱里的烟灰蹭黑了，而我身上竟连一点烟灰也没有。”

爱因斯坦的父亲继续微笑着说：“我看见你杰克大叔的模样，心想我肯定和他一样，脸脏得像个小丑，于是到附近的小河里去洗了又洗。而你杰克大叔呢，他看我钻出烟囱时干干净净的，就以为他也和我一样干净，于是就只草草洗了洗手就大模大样上街了。结果，街上的人都笑痛了肚子，还以为你杰克大叔是个疯子呢。”

爱因斯坦听罢，忍不住和父亲一起大笑起来。父亲笑完了，郑重地对他说：“其实，谁也不能做你的镜子，只有自己才是自己的镜子。拿别人做镜子，白痴也会把自己照成天才的。”

爱因斯坦听了，顿时满脸愧色。从那以后，爱因斯坦逐渐离开了那群顽皮的孩子，他时时用自己做镜子来审视和映照自己，终于映照出了他生命的独特光辉。

自己的那面镜子就是“反省”，或者称为“自省”。一般来说，能够时时反省自己的人，是非常了解自己的人。他们会时时考虑：我到底有多少力量？我能干些什么事？我的缺点在哪里？我有没有做错什么？……这样一来，他们能够轻而易举地找出自己的优点和缺点，为以后的行动打下基础。

“吾日三省吾身”，这是圣贤自我修养的一句格言。它的意思是，一个人对自己的所作所为，应该是经常地反复地进行自我反省，自我检查，自我解剖。

为什么要反省？因为人不是完美的，总存在着个性上的缺陷、智慧上的不足，人年轻的时候缺乏社会的磨炼，因此常会说错话、做错事、得罪人。你所做的一切，有时候旁人会提醒你，但绝大多数人看到你做错事、说错话、得罪人会袖手旁观，因此必须通过反省才能了解自己的所作所为。

李开复说，懂得自省的人才能不断成长。一个人之所以能够不断地进步，正在于他能够不断地自我反省，找到自己的缺点或者做得不好的地方，然后不断改正，从而取得一个又一个的成功。相反，一个人不能及时察觉自身缺点，不能用最快的速度纠正自己的发展方向，就不会在学业和事业上有所成就，最终会在优胜劣汰的自然法则面前难以生存。

美国石油大王洛克菲勒还在创业途中时，有一回，一家银行拒绝给他贷款，他非常气恼地给对方抛下一句话："我迟早会成为天下首富的。"当时虽气愤，但他后来进行了反省，用"骄者必败"来告诫自己，同时谦虚求学，不断进取。

心平气和地面对他人、对外界事物进行客观评判，并不难做到，但当这把刀伸向自己时，就未必能够心平气和了，自我反省是一场自己和自己的智与勇的战斗。

随着财富的不断增加，洛克菲勒对自己精神上的反省与日俱增，自省也就成了他每日必做的功课。每天晚上入睡之前，他都要告诫自己："你刚刚开了个头，别以为自己已经是个不错的商人了；要小心，要稳步前进，否则你会忘乎所以。你不想让这点钱弄得得意忘形吧？睁大眼睛，别乱了方寸。"

对于每日必做的功课，洛克菲勒也曾说过："我敢肯定，我与自己进行的这些私下交谈对我的一生有很大的影响。我生怕承受不了自己的巨大成功，一再告诫自己不要让任何愚蠢的主意冲昏了头脑。"

反省是人生重要的功能，它是一种自我检查的活动，还是一种学习能力，是认识错误、改正错误的前提。通过反省及时修正错误，就能够不断地调整自己的心态和做事方法，所以说掌握了自我反省的能力，就等于掌握了自我完善和通往成功的秘方。

自省是净化心灵的手段，了解自我的途径，自我修养的最高境界，是高情商者必做的一门功课。成功学专家罗宾认为，我们不妨在每天结束时好好问问自己下面的问题：今天我到底学到些什么？我有什么样的改进？我是否对所做的一切感到满意？如果你每天都能改进自己的能力并且过得很快乐，必然能获得意想不到的丰富人生。真诚地面对这些提出的问题就是反省，其目的就是要不断地突破自我的局限，省察自己，开创成功的人生。

时时不忘反省自己，我们就能打开人生的智慧之门，进入人生的更高境界。

保持自己的本色，不要盲目地模仿别人

世上没有完全相同的两片树叶，同样也没有完全相同的两个人。任何人都独一无二的，有着无法取代的独特性，我们没必要盲目地模仿别人，而应时刻秉持自我本色，发挥最好的自己。俗话说，性格决定命运，只有坚守自己的个性，不人云亦云、随波逐流，才能在竞争激烈的社会中有所作为，这也是成功者的必经之路。

很久以前，有一只麻雀总想学习孔雀走路的样子。它

觉得孔雀的走路时显得很高贵，特别是当孔雀抖开尾巴上美丽的羽毛时，那开屏的样子是多么漂亮啊！“我也要像这个样子，孔雀能做到的，我也一定能做到，”麻雀想，“那时候，所有的鸟都会羡慕我、赞美我的。”

于是，麻雀开始模仿孔雀的样子，它伸长脖子，抬起头，深吸一口气让小胸脯鼓起来，伸开尾巴上的羽毛，也想来个“麻雀开屏”。可是这些做法是那么的不合时宜，当麻雀学着孔雀的步法前前后后地踱着方步时，它感到十分吃力，脖子和脚都疼得不得了。最糟的是，其他的鸟类都嘲笑它。不一会儿，麻雀就觉得受不了了。

“这实在太难受了！我不想再学了，”麻雀想，“我当孔雀也当够了，我还是当个麻雀吧！”但是，当麻雀还想象原来那个样子走路时，已经不行了。麻雀再没法子走了，除了一步一步地跳外，再没别的办法了。这就是为什么现在麻雀只会跳不会走的原因。

其实，我们每个人都有各自的特点和长处，但却总是容易忽视自己的长处，而看到别人的长处。结果就像那只麻雀一样，自己的长处得不到发挥，在模仿别人长处的过程中却付出了惨痛的代价。

爱默生在散文《自恃》里说：“每个人在受教育的过程之中，他一定会在某段时间确信，羡慕就是无知，模仿就是自杀。

不论好坏，他必须保持本色。纵使宇宙之间充满了好的东西，不努力什么也得不到。你所具有的能力是自然界独一无二的，除了你之外，没有人知道你能做什么，而这都是你必须去努力才能找到答案的。”所以，想要活出一个真实的自己，就需要保持本色。本来的才是真实的，真实的才是有价值的。

每个人都有自我和个性、自己的特点。每一个人都是一个独立的存在，生来就和别人不一样，你根本没有必要硬把自己纳入什么模式当中。只有肯定自我、相信自我、保持自我，才能成就自我。

蜚声世界影坛的意大利著名电影明星索菲亚·罗兰能够成为令世人瞩目的超级影星，是和她对自己价值肯定以及她的自信心分不开的。

为了生存，以及对电影事业的热爱，16岁的罗兰来到了罗马，想在这里涉足电影界。没想到，第一次试镜就失败了，所有的摄影师都说她够不上美人标准，都抱怨她的鼻子和臀部。没办法，导演卡洛·庞蒂只好把她叫到办公室，建议她把臀部削减一点儿，把鼻子缩短一点儿。一般情况下，许多演员都对导演言听计从。可是，小小年纪的罗兰却非常有勇气和主见，拒绝了对方的要求。她说：“我当然懂得因为我的外形跟已经成名的那些女演员颇有不同，她们都相貌出众，五官端正，而我却不是这样。我的脸毛病太多，但这些毛病加在一起反而会更有魅力呢。如果我们的鼻子上有一个肿块，我会毫不犹豫把它除掉。但是，说我的鼻子太长，那是无道理的，因为我知道，鼻子是脸的主要部分，它使脸具有特点。我喜欢我的鼻子和脸的本来的样子。说实在的，我的脸确实与众不同，但是我为什么要长得跟别人一样呢？”

“我要保持我的本色，我什么也不愿改变。”

“我愿意保持我的本来面目。”

正是由于罗兰的坚持，使导演卡洛·庞蒂重新审视，并真正认识了索菲亚·罗兰，开始了解她并且欣赏她。

罗兰没有对摄影师们的话言听计从，没有为迎合别人而放弃自己人个性，没有因为别人而丧失信心，所以她才得以在电影中充分展示她的与众不同的美。而且，她的独特外貌和热情、开朗、奔放的气质开始得到人们的承认。后来，她主演的《烽火母女泪》获得巨大成功，并因此而荣获奥斯卡最佳女演员奖金像奖。

任何时代，本色都是一个人的闪光点，保持自己的本色，就保持了一份真实，就保留了最基本的价值。而这种价值也是吸引他人的一个重要因素。因此说，保持自我本色，很多时候要比故意做作更能让人信赖，更受人欢迎，而这种信赖和欢迎正是我们走向成功的助推器。

每个人都是独立的自我，与其花过多的时间、精力去学习别人，不如找出自己的所能、所长去尽量发挥，所得一定比学习别人多。丹麦哲学家基尔凯曾说过："一个人最糟的是不能成为自己，并且在身体与心灵中保持自我。"成功者走过的路，通常都不适合其他人跟着重新再走。在每个成功者的背后，都有自己独特的、不能为别人所仿效和重复的经历。与其一味地模仿别人，还不如充分利用自己的优势，让别人来羡慕你。保持自己的本色，在顺其自然中充分发展自己是最明智的。

20世纪50年代美国有一位非常受欢迎的广播员，她刚走上社会的时候选择了当一个影视演员，因为她认为这样可以让很多人喜欢上她，可她怎么演都演不好，只能停留在一个龙套的级别上，后来她的导演问她："你从小的梦想是什么？"

"小时候我想当个广播员。"

"那你为什么选择了来演戏？"

"我认为这样更能受到大家的欢迎。"

"不，孩子，你错了，当一名广播员同样可以受到大家的欢迎。"

她听了导演的教诲，决定保持自己的本色，去做一名播音员，结果她成了纽约当时最受欢迎的广播明星。

爱迪生说过："羡慕就是无知，模仿就是自杀。不论好坏，你必须保持本色。虽然广大的宇宙之间充满了好东西，可是除非你耕作那一块属于自己的田地，否则绝无好的收成。"盲从他人，过分仿效他人，都是对天赋的埋葬，是对意志的抹杀，对个性的泯灭。这正如齐白石先生所说："学我者生，似我者死。"走不出前人的框架，自然也就不会有自己的天地。成功没有固定的模式，一味地模仿不可能取得大的成就，甚至会失去自己本来的优势。

不要模仿他人，做最真实的自己。每一个人都应庆幸自己是世上独一无二的，应该将自己的禀赋发挥出来，而不是亦步亦趋地跟在别人身后，和别人跳进同一个圈子里，跳一样的舞蹈。在所有缺点中，最无可救药的就是失去自我，成为别人的复制品。记住，你就是你，永远不要活在别人的影子里，因为你不是别人的翻版。

认清自己的能力，凡事要量力而行

你真的认为自己是一个无所不能的人吗？

事实上，我们每个人都有自己的能力上限，不可能样样都行。能力极限可能是由于自己体力、心智或情绪上的缺陷所致。

此外，外界因素也可能从中作梗，给我们造成各种阻碍。

尽管如此，很多人为了向别人或自己证明自己的能力，强迫自己去做能力所不能及的事情，不仅会累坏自己，而且还会平白浪费了宝贵的时间。所以，我们要首先明白这个道理：尽力而为，还要量力而行。

张宾在一家公司找了一份不错的工作，但刚出来打工的他很多东西都还在学习中。一次，办公室里的电脑出了点问题，他的领导让他打电话找电脑维修员过来，张宾觉得难得有机会让自己在领导面前表现一下，就自告奋勇修理电脑，结果不仅没修好，电脑的问题更严重了，他也因此被领导责备了一番。此后许多重要的工作领导都不愿交给他去做，生怕他再给办砸了，张宾对这件事情十分懊恼，郁闷了很长时间。

上例中，张宾的本意是好的，只是有点逞英雄罢了。做任何事情都要量力而行，不要打肿脸充胖子，明知不可为而为之。自己最应该了解自己的能力，能吃几碗饭，能干多少事。所以，在做事情之前，你要充分的分析自己的能力。千万要注意，不要弄巧成拙。

“初生牛犊不怕虎”，在为客户组织的策划会议上，两个新来策划公司不久的员工小王和小李提交了一个独特的策划，这个设计打破常规，表现了超前思维，得到了客户、公司领导的一致好评。眼看自己的创意得到了客户的赞赏，两人更加踌躇满志，更加激昂地阐述着自己的想法，还强调说他们这个设计一旦推向市场一定会获得成功。

设计部经理当即表示要小王和小李写一份详细的计划书出来，公司一定会认真考虑。此言一出，小王和小李欣喜若狂。作为刚进职场不久的新人，他们的策划能得到客户的重视，算是非常幸运的了，这对于二人今后的事业无疑是一种强大的支撑。两人信誓旦旦地向客户保证，一定会拿出完美的产品设计方案来。

设计方案出来了，经过客户、公司领导审批之后，决定将这个产品投入生产，并作为该公司下一季的主打产品进行推广。然而，新产品在制作的过程中频频出现问题，弄得客户、公司上下都非常紧张。总算挨到产品上市，市场反应却并不好，没有出现小王他们预想中的火爆销售的情况。事前对新产品过高的期望还造成了大量产品积压，直接影响了客户公司该阶段的销售业绩。

事后，当客户公司处理这个问题责任的时候，直将矛头指向了曾经夸下海口的小王和小李，认为他们是在有意欺骗客户对他们的信任。因为，小王和小李曾经夸下的海口，他们甚至将自己公司负责这次项目指挥和产品研发人员的责任推得一干二净，要求策划公司做出高额赔偿。

最后，策划公司为了小王和小李的“海口”付出了昂贵的代价，而他们二人也被辞退。

小王和小李过分自信，在客户面前强调自己的设计一定能成功，结果付出了惨重的代价。其实，很多尴尬是由我们自己一手造成的，其中一些就是因为不懂得量力而行。

做什么事情都要根据自己的能力而定，不要做自己力不能及的事，这样只能让自己头破血流，或者误入歧途。所以，我们在做事情的时候，要时时刻刻掂量自己，时时刻刻要知道自己是谁？自己几斤几两？有几分力量？不要过高估计自己的德行和自己的力量，一定要量力而行，量体裁衣。

三国时候有一个叫王朗的人。有一天他和华歆乘坐一条渡船到另一个地方去，船上带了很多行李，因为公务他们必须要在两天内赶到另一地方。船刚要离岸，这时有一个人摆手要搭船，样子也非常的着急。几近跪拜，王朗就问华歆：“你看我们帮不帮他呢？”华歆沉思片刻说：“我看还是不要带，我们时间紧急，行李又多，两天之内如果赶不到，必受惩罚，增加一个人，船必然行进缓慢。”王朗却说：“我看还是行善带上他吧。”华歆却说：“让他等别的渡船，我们赶快走吧。”此时岸上的人真的跪地求帮忙。王朗于是命令船家赶快让岸边人上来。这人与他们所去的地方正好是同一个地方，由于这里稍微偏一些，很难等到渡船的，此人不得已求助。但由于船小，增加一个人后，行进缓慢，走了一天还没走到一半的路程，这人倒是也积极帮忙划船，可是眼看两天就要过去了，再不加快速度肯定要延期了。这时王朗眉头紧锁和华歆商量："这怎么办呀，真后悔当时没听你的，不然我们肯定到了。不如，让此人下船吧。"华歆摇头："那不行，你既然让人上船了，为何半途把他扔下，现在天也黑了，况且这里前不着村，后不着店，根本没有船只，你让那人如何是好？不如把行李扔掉一些吧！"不行，这些行李都精简过了，都是必须要带的。"王朗说，想来想去，他让船家把船靠岸，让搭船人下船，搭船人苦苦求饶，并示意多给些银两，但王朗此时害怕延误受到惩处，毅然把此人赶下了船，任凭搭船人在荒凉的岸边哭嚎。搭船人下去后，船速明显加快，他们终于如期赶到了地点，而华歆因为此事从此和王朗绝交。

王朗这一类人，其实在生活中是很常见的。帮助别人固然是一件好事，但也需要量力而行，不要超出自己能够承受的范围。心有余而力不足的情况时常能够遇见，这个时候，就不能脱离现实条件，而是能帮多少算多少。如果帮得不好，不但对被帮者无益，反而对自己有害，违背了初衷。

人要有自知之明，所以，哪怕是帮最好的朋友办事，也要量力而行，千万别逞强，说不定你还会适得其反，将事情搞砸。办不成的事，要老实地说，没什么不好意思的。办不了的事就是办不了，朋友之所以来找你，就因为他也办不成，别为你帮不上别人的忙而不好受，与其搞砸了一件事，还不如让他另请高明。

量力而行是一种智慧。它要求我们要以一种严谨的态度、冷静的头脑来审视我们的实际情况，正确估量我们的实际能力，既不盲从，也不僵化。如果一个人，凡事不仅尽力而为，还能根据自身的条件量力而行，又经过全面权衡以后，懂得放弃自己不能办到的事情，那么他就是一个高情商的人。

第三章

情绪控制：让情绪为己所用

能调动情绪的人，才能做情绪的主人

情商的一个重要的内容就是掌控情绪。掌控自我情绪是一种重要的能力，也是人区别于动物的重要标志。

情绪是个体对外界事物的态度、体验，以及相应的行为反应，它有积极和消极之分。积极的情绪能够推动人的身心向上、向上、再向上，它有利于学习和工作效率的提高，能够帮助我们获取成功。而消极情绪包括忧愁、悲伤、紧张、焦虑、痛苦、恐惧等，会为我们带来一连串的负面影响，甚至将我们拖下万丈深渊。消极情绪会使我们反应迟钝、精神疲惫、进取心丧失，会夺走我们的控制能力和判断能力，让我们的意识范围变窄、正常行为瓦解，具有极大的危害。

一名初入歌坛的歌手，他满怀信心地把自制的录音带寄给某位知名制作人。然后，他就日夜守候在电话机旁等候回音。

第一天，他因为满怀期望，情绪极好，逢人就大谈抱负。第十七天，他因为情况不明，情绪起伏，胡乱骂人。

第三十七天，他因为前程未卜，情绪低落，闷不吭声。第五十七天，他因为期望落空，情绪坏透，拿起电话就骂人。没想到电话正是那位名制作打来的。他为此而自断了前程。

我们在为这名歌手深深惋惜的同时，也更深刻地明白了不良情绪的危害。

生活中，扰人心情的事情时有发生，并成为影响我们情绪的罪魁祸首。我们要看清自己的弱点，不要受到情绪的影响，用意志来控制自己，从容应付突发事件。

情绪是人对事物的一种浅显、直观、不用脑筋的情感反应。它往往只从维护情感主体的自尊和利益出发，不对事物做复杂、深远和智谋的考虑，这样的结果常使自己处在很不利的位置上或被他人所利用。本来，情感离智谋就已距离很远了，情绪更是情感的最表面部分，最浮躁部分，以情绪做事，不会有理智可言。

王刚和李铭同为一家广告公司的创意主管。在一次客户讲解会上，王刚和李铭同时被公司任命为即将到来的大客户提供方案解说。经理要求他们在讲解会上，务必要以公司的形象为重，并且把自己小组的策划方案详尽地为大客户做解说。

为此，王刚在开会之前就开始指挥各个负责人做准备，他还和行政部门沟通了器材设备的使用方法，和接待前台沟通了指引大客户入门的方案，和策划沟通PPT的展示，以及与美术编辑沟通具体的广告展示计划，与业务部沟通拿到大客户的相关市场数据及优劣势分析报告。做完这些工作后，他又对整个流程做了一遍演练，相信自己一定能够在客户讲解会上得到大客户的认同。尽管他们小组的创意还不是十分完美，但王刚的积极情绪感染了他身边的每一位员工，大家都给予他鼎力支持。

与此同时，李铭也在不慌不忙地开展着准备工作。虽然他也是亲临指挥，但是由于面临订单额百万的大客户，李铭的心理压力巨大，尽管主管暗示他的创意胜算很大，他自己却还是很不自在，并把他的紧张情绪带给了身边的人。在会议之前他还为数据报告的问题斥责了市场调研部的同事。

会议开始，王刚和李铭相继上主讲席解说。面对大客户财务部门的苛刻挑剔，王刚微笑应对——解释方案中各个阶段所需要的资金支持，并且告知客户将会最大限度地为其考虑降低成本。他还建议针对财务方面的一系列问题，可以再开一个专门的成本核算部，与客户共同进行成本核算。

而李铭则被问到了他先前头疼过的数据报告。这一下子让他恼火起来，要知道，这些数据报告是他经过了一晚上的数据对比分析才得出的结论，而此时却被一些莫名其妙的人一分钟给否决掉，他一下子被激怒了。尽管对面是自己的客户，他也没有抑制住自己愤怒的情绪——拳头握紧，狠狠地捶着数据报告；脸上的表情僵硬，眼睛里充满着怒火。他虽然没有说什么，但情绪已经完全表露在外。

最后的结果显而易见。尽管王刚的创意并不是十分完美，成本核算也存在一定的不足，但他的微笑和自我情绪的控制，很好地帮助他得到了大客户的信任。而李铭没有很好地控制自己的情绪，甚至在会议前都没有发现自己的情绪已经起了微妙的变化，从而导致了最终的失利。

人的成败常常被情商所左右。人与人之间智商的差别非常小，高一点点，低一点点并不会有什么差异，但人和人之间的情商却往往有很大差异。有的人能很好地控制自己的情绪，为人处世表现得非常的理性，这种人往往容易成功；相反，有的人轻易地表露自己的情感，把自己的内心世界完全显露于脸上，喜形于色，稍微碰到一点不如意的事，就会大发脾气，这种人的人际关系一般比较糟糕，而且往往很难成什么事。

在英国发生了这样一则故事：

史蒂芬是英国中部城镇奥尔德姆的一名警察。一天晚上，他身着便装来到市中心的一间食杂店门前。他准备到店里买包香烟。这时，店门外一个流浪汉向他要烟抽。史蒂芬说他正要去买烟。流浪汉认为史蒂芬买了烟后会给他一支。

当史蒂芬从食杂店买完烟出来后，喝了不少酒的流浪汉再一次缠着他索要香烟。史蒂芬感到很反感，没有不给他，于是两人发生了口角。随着互相谩骂和嘲讽的升级，两人情绪逐渐激动。史蒂芬掏出了警官证和手铐，说："如果你不放老实点，我就给你一些颜色看。"流浪汉反唇相讥："你这个混蛋警察，你有什么了不起的，看你能把我怎么样？"在言语的刺激下，二人扭打成一团。旁边的人赶紧将两人分开，劝他们不要为一支香烟而发那么大火。

被劝开后的流浪汉骂骂咧咧地向附近一条小路走去，他边走边喊："自以为是的臭警察，有本事你来抓我呀！"失去理智、愤怒不已的史蒂芬拔出枪，冲过去，朝流浪汉连开四枪，那个流浪汉倒在了血泊中……

法庭以"故意杀人罪"对史蒂芬做出判决，他将服刑30年。

一个人死了，一个人坐了牢，起因是一支香烟，罪魁是失控的冲动情绪。

每个人在生活中都会遇到不合自己心意的事，这时候如果不保持冷静，不克制自己的冲动行为，就会为此付出代价。如果你想提高自己的情商能力，就不要让坏情绪控制自己，而是应该自己去控制坏情绪，成为情绪的主宰者。有些人常为一点小事而恼羞成怒，也有些人经常满脸愁容，精神不振，这些坏情绪，直接影响人的生活和工作。

学会控制自己的情绪，对于每个人而言都是相当重要的，它是我们成功的前提，更是我们身心健康的保证。做自己情绪的主人，不仅让你重新获得主导权，而且会使你发现，掌控自己的情绪以后，所有的难题都能够轻松驾驭了！

愤怒是地狱之火，足以毁灭一切

一般来说，情商低的人有一个很明显的表现形式就是比较容易愤怒，有一点点小事都有可能让他们特别生气，他们通常控制不了自己的情绪，很容易像周边的人爆发出来，因此而伤害了大家之间的关系。更有甚者，则会做出不该做的事，引起恶性斗殴，甚至导致人命案子的发生，最后锒铛入狱，事后常常后悔不已。

大名鼎鼎的巴顿将军，虽然战功赫赫，但因为情商较低，在关键时刻不能控制自己的愤怒情绪而影响了他的一生。

事情发生在1943年8月10日，当时战斗进展不顺利，巴顿的心情很不好。下午1时30分，巴顿在行车途中发现了通往第九十三军后方医院的路标，马上命令司机把车开过去。

巴顿正在与士兵们进行闲谈，赞扬他们的勇敢精神和业绩。但凡熟悉巴顿的人都发现，他神情紧张，不像往常那样热情诙谐。突然，巴顿发现一名未受伤的士兵住在医院里，顿时变得冷酷无情，此人叫保尔·贝内特，患有“炮弹休克症”他缩成一团，哆哆嗦嗦地回答巴顿的问话：“我的神经有毛病，我能听到炮弹飞过，但听不到它爆炸。”说罢，他便哭泣起来。

巴顿勃然大怒，大声叫骂：“你真是个胆小鬼！”

接着巴顿打了他耳光，吼道：“你是集团军的耻辱，你要马上回去参加战斗，但这太便宜你了。你应该被枪毙，事实上，我现在就要枪毙你！”说完，巴顿拔出手枪，在他眼前晃动。当巴顿走出病房时还在向医生叫喊，要他们把那人送出医院。

“打耳光”事件发生后，巴顿内心也感到自责，但由于战事紧张，他很快就把这件事忘掉了。但事情的发展完全出乎他的意料。

很快，巴顿打人的消息传遍了第七集团军，新闻界也议论纷纷，艾森豪威尔也知道了这件事，他以个人的名义给巴顿写了封信，严厉批评了巴顿的“卑鄙”行为，并责令巴顿：必须向被打者道歉，向所有在场的医护人员和伤员道歉，而且还要向整个第七集团军，一个部队挨一个部队的道歉。

接到信后，巴顿开始感到问题的严重性，因此他认真执行了艾森豪威尔的命令。

但是，有些人仍不能原谅巴顿，坚决要求把巴顿送上军事法庭或降职处分，以至于让他失去继续参战的机会。但是在艾森豪威尔等人的保护下巴顿并没有受到这些惩罚。

但这次事件对巴顿的影响很大，这使他未能出任集团军司令，人们认为“巴顿具有某些令人遗憾的性格，他鲁莽、暴躁，有时容易冲动”。

巴顿原本光辉灿烂的前程就此毁于一次打耳光上。

孙子曾言：“主不可怒而兴师，将不可愠而致战。”作为一个军事领袖，巴顿将军由于没有克制自己的冲动，不但破口大骂，还打了士兵的耳光，在这样的举动之下，他在士兵中会形成一个怎样的形象？假如你是巴顿的上司，得知他这样处理军务之后，你会怎样对待他？还会将军事指挥权赋予他吗？因此，能否有效驾驭自己的情绪，控制自己的脾气至关重要。

心理学家认为，人在愤怒的一瞬间，智商接近于零，需要半个小时或者更长时间，才能慢慢回升到正常水平。所以，愤怒中的人异常愚蠢，常常处于低情商的状态之中。有些事情，头脑清醒时我们绝对不会做。而怒火中烧时，我们却做得理所当然。当心中怒火熄灭，我们甚至不知道是怎么把这些事情做出来的。愤怒总是吞噬理智，让我们做出追悔莫及的事情。这些追悔莫及的事情可大可小，剥夺生命也在其中。因此，在日常生活中，当你被激怒时，千万不要轻易发火。谁若轻易地做了怒气的俘虏，谁的生活就会倾斜，谁就可能成为愚蠢与后悔的人。

那么如何愤怒情绪呢？下面是一些具体可行的方法：

1.设法拖延愤怒。如果你在某一特定的环境中极为典型地表现出愤怒，那么把愤怒拖延十五秒钟，然后以你的典型方式爆发。下次设法拖延三十秒，不断延长间隔期。一旦你开始意识到，你能摆脱愤怒，你就已经学会了控制愤怒。拖延就是控制，经过大量实践，你将最终能够完全消除它们。

2.转移愤怒的情绪。心理学研究表明，在受到令人发火的刺激时，大脑会产生强烈的兴奋灶，这时如果有意识地在大脑皮质里建立另外一个兴奋灶，用它去取代、抵消或削弱引起发火的兴奋灶，就会使火气逐渐缓解和平息。例如，转移话题，寻些开心快乐的事情干，选择令自己愉快的音乐、戏曲，阅读引人入胜的小说、诗歌，或出去走走等。

3.换位思考。换位思考，即站到对方的角度上想问题，与他人互换角色、位置。俗话说："将心比心。"通过心理换位，充当别人的角色，来体会别人的情绪与思想，这样就有利于防止不良情绪的产生及消除已产生的不良情绪。当对方触犯你时，我们也可以站在对方的角度想一想，可能就会觉得对方的行为情有可原。这样，不良情绪就会减弱，甚至消失了。

4.宣泄情感。愤怒将要发生时，除了坦率地讲出心中的不满，还可以通过其他方式发泄情感，例如，打沙袋，做些剧烈运动等。值得一提的是，情感的宣泄要以不损害他人的利益为前提。

战胜恐惧，才能赢得美好未来

恐惧是人们的一种基本情绪。每个人在社会生活的方方面面都会有恐惧感的产生，特别是当遇到陌生的环境或不利的环境时，恐惧感会更加强烈。法国作家蒙田曾经说过：“在这个世界上，恐惧是我最为害怕的一件事。”正如蒙田所说，恐惧是令人害怕的事，是一种人类及生物心理活动状态，为情绪的一种。从心理学的角度来讲，恐惧是一种有机体企图摆脱、逃避某种情境而又无能为力的情绪体验。

一位心理学家带他的学生去做一个心理试验。他把学生们带到了一个没有开灯的黑屋子里，屋子里有一座窄窄的桥。心理学家问：“谁敢从这座桥上走过去？”不服气的学生们一个接一个踏上那座窄桥，并顺利地走了过去。

心理学家打开了一盏幽幽的小灯。灯光昏暗，但是学生们看清楚了桥下是漆黑的水潭。谁也不知道那水有多深，而且在幽幽的灯光下，水潭显得更加诡异莫测。心理学家再次问：“现在，谁敢从这座桥上走过去？”学生们有些犹豫，但是大部分人还是走上那座桥，依旧小心翼翼走了过去。

心理学家再次打亮一盏灯，这盏灯的灯光较先前的那盏亮多了，学生们看到水潭里的景象，心头不禁打个冷战。只见水潭里有数不清的蛇游来游去，有一条眼镜蛇还吐着长长的信子昂头冲着那座桥。学生们无不倒吸一口冷气，心里在庆幸自己幸好没有掉下去。心理学家再次问：“这下，谁还敢走过那座桥？”几乎没有学生敢再踏上那座桥了。

这时，只见心理学家踏上了那座桥，稳稳地走到了对面，学生们都惊呆了。心理学家没有说话，只是再次打亮一盏更亮的灯让学生们细看，原来桥和水潭之间密布着一张细细的铁丝网，学生们面面相觑。

心理学家这时开口了：“同学们，这就是我们心灵的力量。我们不知道，恐惧正是来自我们的内心。在灯开亮之前，我们所有人都能够小心地走过那座桥，那时候，黑暗对我们来说，不值得恐惧。反而是黑暗让我们变得小心，而不至于出错。但是，当灯被一盏盏打亮，我们被自己内心的恐惧限制住了，反而不敢迈步走向那座桥。其实，我们任何一个人都可以走过那座桥。那座桥，就是我们内心的力量。只要我们不被自己内心的恐惧所震慑，我们都有能力轻松地过桥。”

其实，很多时候恐惧都是我们自己强加给自己的。当不祥的预感、忧虑的思想在你心中发作时，你不应当纵容它们逐渐长大，你应该拿出勇气与它们相对抗，只要有勇气与信心，从心态上战胜恐惧，你就可以步步向前，迈向光明。

恐惧是我们心中的魔鬼。它起源于我们自身，发自我们内心，是我们自己吓怕了自己。事实上，任何事情本身并不恐惧，往往是我们对他们了解不够，或者根本没有了解。从博弈的角度上讲，无形中高估、放大了对手的能力，贬低了自身的能力，失去自信心，不相信自己能战胜对手，造成了恐惧。

在马里兰州的一座种植园里经营着一间磨坊，那里住着一家黑人。有一天，黑人家里的一个10岁的小女孩被遣到磨坊里向种植园主索要50美分。

园主放下自己的工作，看着那个黑人小女孩敬而远之地站在那里，似乎若有所求。于是他便问道："你有什么事情吗？"黑人小女孩没有移动脚步，回答说："我妈妈说想要50美分。"

园主用一种可怕的声音和严肃的脸色回答说："我决不干那种事！你快滚回家去吧，不然我用锁锁住你。"说完便继续做自己的工作。

过了一会儿，他抬头时看到黑人小女孩仍然站在那儿不走，便掀起一块桶板向她挥舞道："如果你再不滚开的话，我就用这桶板教训你。好吧，趁现在我还……”话还没说完，那黑人小女孩突然飞快地冲到他面前，扬起脸来用尽全身的气力向他大喊：“我妈妈需要50美分！”

慢慢地，园主将桶板放了下来，手伸向口袋里摸出50美分给了那个黑人小女孩。她一把抓过钱去，便像小鹿跑出去了。留下园主目瞪口呆地站在那儿回顾这奇怪的经历——一个黑人小女孩竟然镇住了他自己。在这之前，整个种植园的黑人从未敢想过。

世上没有什么事能真正让人恐惧，恐惧只不过是人心中的一道无形障碍罢了。遇事你只要大胆去干，就会发现事情并没有你想象的那么可怕。正如罗斯福所言：“克服恐惧最佳的对策，就是勇敢地面对它。”

每个正常的人都可以自发地控制情绪，可以改变自己对事物的认识，用理性和行动控制自己的一系列想法，克服自己的恐惧心理，形成无畏思想，激励自己采取能够战胜恐惧的积极行动。

那么，怎样面对和克服恐惧情绪呢？

1.勇于面对未知的事物。为什么会感到恐惧？因为人们对未知事物的不了解，会容易产生紧张不安的情绪，说到底，还是因为我们自身知识的局限性，这就需要我们不断地开拓视野，了解未知的事物，正所谓“活到老学到老”，你学的越多，了解得越多，就会明白所谓的“未知的恐惧”都是因为自身的局限性。

2.转移你的注意力。把注意力从恐惧对象转移到其他方面，以减轻或消除内心的恐惧。例如，为了摆脱在众人面前讲话的恐惧心理，除了多实践、多锻炼外，每次讲话时把自己的注意力从听众的目光、表情转移到讲话的内容上，再配合“怕什么”等积极的心理作用，心情就会变得比较镇静，说话就比较轻松自如了。

3.不要自己吓自己。恐惧心理的产生常常与过去的心理感受和亲身体验有关，正所谓“一朝被蛇咬，十年怕井绳”。当人们受过某种刺激，并产生过恐惧心理时，如果同样的情景再次发生，过去的经验就会被唤起，从而再次产生恐惧感。其实，很多时候都是我们自己在吓自己，那些所谓的恐惧根本就不会对我们造成伤害，所以用一颗正常的心去面对恐惧是很有必要的。

4.直面恐惧的事物。害怕一样东西，想要躲避这是人之常情，但如果必须面对的时候，就要努力克服恐惧，最好的方法就是面对它。比如你怕蛇，那就在专业的人员陪同下去和蛇打交道。久而久之你了解了蛇，又知道怎么保护自己，那么就战胜了恐惧。

嫉妒，让人陷入无法自拔的危险漩涡

有这样一个小故事：

很久以前，有一个地方遇到了百年不遇的大旱灾，湖水干涸，地面也干得裂开了口子。

在这个地方的湖中住着一只鳖。湖水干涸以后，它为了生存，便想找一个有水源的地方生活。可是它爬的速度太慢了，只怕自己爬不多远就会连饿带渴地死去。

有一天，从远方飞来了一群天鹅，它们围绕着以前有湖水的地方飞来飞去，寻找原来栖息过的湖泊。鳖见了，便叹了口气说："别找了，湖水早就干了。"

天鹅们非常失望，只好商量再飞到别的地方，去找有水的地方。

鳖听了天鹅的话，心想：天鹅飞得快，一定能很快找到水，不如求它们帮忙，把我也带走。于是，鳖就去求领头的天鹅。

天鹅答应带鳖一起走。于是，它们轮流用嘴衔着鳖向远方飞去。

天鹅飞了好远的路。一天，它们经过一座城市的上空。那里的人看到天上飞过一群洁白美丽的天鹅，都抬头仰望，赞叹道："多漂亮的天鹅啊！今生能看到如此圣洁的动物，真是幸福！"这个时候，也有人发现了天鹅嘴里衔着的大鳖。看到了丑陋的鳖，人们放声大笑："哈哈！这只丑陋的鳖怎么会和天鹅在一起，原本在地上成长，现在也跑到天上去了。难道丑鳖也想变成天鹅，别做梦了，真是不自量力啊！”

大鳖看到人们夸赞天鹅而嘲笑自己，终于忍不住了。它破着嗓子大骂：“你们这群天鹅，到底比我好看多少？不过是有两只翅膀可以在天上飞罢了！有什么了不起的。臭美！”天鹅一开始还忍耐着，后来看到丑鳖因为嫉妒心起，骂的越来越难听，终于难以忍受。本来用嘴衔着它就够累了，被它一骂，天鹅们相互使了一个眼色，把嘴巴张开，还在哇哇大骂的大鳖突然感到身体直线坠落，还没有发觉是怎么回事，已经掉到地上摔死了。

可怜又可悲的大鳖就这样断送了自己的性命，究其根本原因就是嫉妒造成的。

自然界的动物尚且如此，更何况人呢？如果一个人在生活中产生了嫉妒情绪，那么他就从此生活在阴暗的角落里，不能在阳光下光明磊落地说和做，而是面对别人的成功或优势咬牙切齿，恨得心痛。一个人有了这种不健康的情感，就等于给自己的心灵播下了失败的种子。

嫉妒是一种夹杂着焦虑和愤怒等不良情绪的感情，是由于个人与他人比较，发现别人在某一方面或某几方面比自己强而产生的一种焦虑、羞愧、不满、怨恨的复杂情绪。古希腊哲学家说：“嫉妒是对别人幸运的一种烦恼。”从这句话中，我们就能看出，嫉妒会引发人的焦虑，它是有明显对抗性的，这种对抗表现为攻击性，攻击的目的就是要颠覆别人的“幸运”。

战国时，张仪和陈轸都投奔到秦惠王门下，受到重用。可不久张仪便产生了嫉妒心，因为他觉得陈轸有才干，比自己强很多，担心时间一长，秦王会冷落自己，偏喜陈轸。于是他就找机会在秦王面前说陈轸的坏话，进谗言。

一天，张仪对秦惠王说：“大王时常让陈轸来往于秦国和楚国之间，可现在楚国对秦国的关系态度并不比从前友好，反而对陈轸却特别好。可见，陈轸在全心全意为自己谋利，并不是诚心诚意为我们秦国做事。还常说陈轸把秦国的机密泄露给楚国。作为您的臣子，怎么可以这么做呢？我不愿意同这样的人一起共事。况且最近我又听说他打算离开秦国到楚国去。要是这样，大王倒不如杀掉他。”

听了张仪这番挑拨，秦王自然很恼怒，马上传令陈轸进见。一照面，秦王就对陈轸说：“听说你想离开我，准备上哪儿去呢？告诉我，我好为你准备车辆呀！”

陈轸一听，摸不着头脑，只是两眼直盯着秦王。很快他便明白过来，这里面一定有原因，于是镇定地回答：“我准备到楚国去。”

秦王心想果然如此。对张仪的话更加相信了，他缓缓地说：“那张仪的话并不是虚构了。”

陈轸心里完全清楚了。原来是张仪在捣鬼！他没有马上正面回答秦王的话，而是定了定神，不慌不忙地解释说：“这事不仅是张仪知道，连过路的人都知道。从前，殷高宗的儿子孝己非常孝敬自己的继母，故而天下人都希望孝己能做自己的儿子；吴国的大夫伍子胥对吴王忠心耿耿，以至天下的君王都希望伍子胥做自己的臣子。所以说，出卖奴仆和小妾，如果左右邻居争着买，这就说明他们是忠实的奴仆贤良的小妾，因为邻居非常了解他们才争相去买；一个女子，因为同乡的小伙子争着要娶她为妻，这就说明她是个好女子，因为同乡的人比较了解她。反过来如果我忠于大王您，楚王又怎么会要我做他的臣子呢？我忠心一片，却被怀疑，我不去楚国又到哪呢？”

秦王听了，觉得有理，点头称是，不仅不再怀疑陈轸，而且更加重用他，给了他更丰厚的待遇，相反对张仪冷淡了许多。

人生在世，一定要有一颗平静和睦的心，切不可心怀嫉妒。俗话说：“己欲立而立人，己欲达而达人。”别人有所成就，我们不要心存嫉妒，应该要平静地看待别人所取得的成功，这是拥有幸福人生的秘诀。

当我们有很多事情要做时，我们就无暇去嫉妒别人。因此，积极参与各种有益的活动，努力学习，勤奋工作，使自己真正充实起来，那么，嫉妒的毒素就不会滋生、蔓延。

为了缓解自己的失败带来的心理上的不平衡感，可以找一些理由，使自己不再嫉妒别人。可以说“我的运气不太好而已”“这样的成功没有什么价值”，以此排解心中不满，避免产生嫉妒。这种方法只是权宜之计，不能过分使用，否则可能又会产生其他消极的心理障碍。

一个人在嫉妒别人时，总是注意到别人的优点，却不能注意自己比别人强的地方。其实任何人都有不如别人的地方，当别人在某些方面超过我们时，我们可以有意识地想一想自己比对方强的地方，这样就会使自己失衡的心理天平重新恢复到平衡的状态。

总之，对别人产生了嫉妒并不可怕，关键要看你能不能正视嫉妒。如果能把嫉妒转化为成功的动力，化消极为积极，往往会使你赶上甚至超过别人。这一切都取决于你自己。

紧张情绪会让人生厌，它是懦弱的旧风衣

紧张是一种处于极为不安、不舒服的神经兴奋状态。它是人们对现在要面对或即将要面对的刺激所形成的反应，有时是因为想起过去的经验而出现的反应。当自己意识到要成为那样时，人就会变得紧张。

认知心理学认为，人们对事物的判断和评估，是导致情绪变化的直接原因。当生活出现难题或处境不顺时，有些人就会过于紧张，并且总把目光紧盯在同一件事上，因此也就成了精神性焦虑的危险人群。

李响是家里的独生子。由于历史的原因，父亲个人的理想成了泡影，便将全部的期望寄托在李响的身上。他在父亲的灌输下形成的强烈的“出人头地”意识与其一般的智能和责任心形成了巨大的反差。

高考前，黑板上每天变化的高考日期倒计时和随时变化着的同学们的考试成绩一览表，加上父亲那企盼的目光，给李响造成了巨大的心理压力。

李响出现食欲下降、恶心、心慌、心悸、惶惶不可终日的连锁反应。

高考到来时，李响突然心中一阵眩晕，脑中一片空白。他压抑着紧张情绪，越压抑，心里越紧张，结果，李响落榜了。面对这沉重的打击，李响长时间不能从失望、痛苦、无助的情绪中解脱出来。

第二次面对高考，李响变得更紧张恐惧。由于紧张感达到了极点，他甚至想放弃。在第一门考试时，考场出现了异常，在一时混乱的气氛中，李响心中那巨大的紧张感突然消失了，由于第一门考试发挥得不错，从而影响了以下几门考试的成绩。李响勉强考取了一所高等专科学校。

但事情远远没有终结。在李响几年的大学学习中及走向社会后，只要面对考试，紧张不安的情绪便会出现。

一个人长期处于情绪紧张状态容易导致精神焦虑，使人动作失调、失眠多梦、记忆力减退、学习工作效率下降等。如果得不到及时纠正与疏导，直至超越心理警戒防线，它就会演变成焦虑症，严重影响我们的人心健康。英国的斯赫伯特说过："面对一件事，很多人都会紧张，只不过有的人会调解自己；有的人不会，反而越弄越紧张。"紧张，已经成为现代社会流行的负面情绪，它会给我们的生活带来各种各样的影响。

赵敏的紧张起源于三个月前公司的人事调整。她因为一次演讲报告的失误导致公司失去了一个大客户，结果正好碰上单位机构整顿，她本是总经理助理，却被调到客户服务部任职。工作调动本是常事，但赵敏的心理却久久无法调整过来，她变得异常紧张、敏感，认为是演讲的原因使公司改变了培养自己的计划。现在的赵敏关注别人的感受远比关注工作多，生怕已经28岁的自己会被再次"更新"。

在客户服务部的赵敏，如果看见领导路过，就会忘记与客户的交谈，而专心盯着领导的动态，如果领导无意间往自己这方向瞟一眼，她的神经就会马上紧绷起来，如果被领导简单批评几句，她连午餐都没有心情吃了。赵敏还患上了严重的失眠症，每天都昏昏沉沉的，肩膀上就像背着一个沉重的书包，压得自己喘不过气来。

经理看赵敏最近表现非常糟糕，打算找她谈一谈，赵敏从经理看自己失望的眼神中知道自己可能要被炒鱿鱼，于是更加忧心忡忡，恐惧不安。在办公室里，她总觉得周围人都在用异样的眼光看自己，自己根本就无法集中注意力去工作，回到家里，脾气也越来越暴躁，连看花花草草都非常不顺眼。

又是一个周五的晚上，赵敏突然收到好友小米生日聚会的邀请，许久没有散心的赵敏觉得自己应该去放松放松了，于是精心打扮了一下就去赴约了。期间她玩得非常开心，也和大家一起喝了不少酒，在与好姐妹的相互倾诉中，众人都不知不觉地醉了。等到第二天，赵敏一觉醒来，由于精神得到了释放，自己也想通了不少。

显然，例子中的赵敏被一次演讲的失败搞得太紧张了，也留下了焦虑不安的后遗症，让自己变得如此痛苦与敏感。倘若生活中的你也如赵敏一般，遇事过于紧张，把事情看得太严重，被一些小事情弄得紧张兮兮的，那么，你就需要调整自己的心态了，要懂得适当的发泄与释放，把自己从紧张的情绪中解救出来。

那么，如何有效地避免紧张情绪呢？下面介绍几种方法：

1.坦然面对和接受自己的紧张。事实上，每个人都会出现紧张的情绪，可能别人在某种情境下可能比你更紧张。不要与这种不安的情绪对抗，而是体验它、接受它。要训练自己像局外人一样观察你害怕的心理，注意不要陷到里边去。此刻你甚至可以选择和你的紧张心理对话，问自己为什么这样紧张，自己所担心的可能最坏的结果可能是怎样的，这样你就做到了正视并接受这种紧张的情绪，坦然从容地应对，有条不紊地做自己的该做的事情。

2.自我调节。在紧张的工作、学习之余，可以从事各种娱乐活动，调节自己的生活，松弛紧张状态。如果在工作、学习中遇到难题或必须完成的紧急任务，首先应该稳住自己的情绪，不必紧张，也不要急于求成，以免乱了方寸。进而要相信自己有能力，并对困难作冷静的分析，制订出必要的应付方案。此时，还可做些松弛性的自我暗示："事情再难、再急，也必须一步步去做，焦急紧张是无济于事的，一定能闯过难关，完成任务！"这样紧张会被驱散；而排解难题或完成任务时，成功又会成为良性刺激，使人的心理得以进一步松弛。

3.转移注意力。如果觉得紧张，可以通过转移注意力来使身心松弛，让你暂时缓解心理压力。转移注意力可以看看电影或书，或做做游戏，或随便走走，这一切能使你感到放松。如果强迫自己"保持原来的情况，忍受下去"，无非是在自我惩罚。当你的情绪趋于平静，而且当你和其他相关的人均处于良好的状态时，你再回来着手解决你的问题。

4.劳逸结合。压力越来越大的现代社会，使越来越多的人为了生活而四处奔波，他们只顾得拼命地工作，挣钱，却没有勇气停下来休息，去享受生活的情趣和安逸。殊不知，放松的心情，劳逸的结合，才会使工作更有效率。

焦虑时代，要懂不焦虑的智慧

当今社会，焦虑无处不在，充斥着我们生活的每个角落。我们因为找工作焦虑；因为经济紧张生活压力大而焦虑；因为无法得到自己梦寐以求的东西而焦虑；因为肩上沉甸甸的家庭责任而焦虑；因为无法与他人更好地相处而焦虑；因为夫妻关系不协调而焦虑；因为孩子不省心而焦虑……焦虑的种类繁多，只要我们愿意，对于生活中的焦虑，我们每个人都可以列出一张长长的清单，而且大多数人在每一天结束之后，就都会在清单上再添加好几条。无论是上层社会看似风光无限的精英们，还是生活在社会的最底层为生活忙碌的人群，每一个阶层都被各种程度不一、类型不一的焦虑所困扰着。不可否认，焦虑也可能会在某一天降临到你的身上，它像空气一样把你紧紧地包围，悄悄地侵蚀你的灵魂和身体，把你的快乐一点点磨灭。

十年前，李超靠着向亲朋好友借贷来的十万元创办了一家电脑软件公司。由于看准了市场机会，加上自己的聪明才智，李超的公司得到了迅速的发展。公司成立第一年就获得不俗的业绩，公司规模也迅速扩展。此后几年时间中，公司发展一直是稳中求胜，在业界也有了一定的知名度。作为创业者的李超，对公司的未来充满信心。

由于身处高科技行业，随着行业技术的快速变化、竞争形势的不断严峻，李超感觉压力越来越大。在一次大客户招标会上，李超原本以为凭着公司实力肯定能独占鳌头，没想到半路上冒出更强劲的竞争对手将订单横刀夺去，这对李超的自信心是很大的打击。一种强烈的危机感在李超心中滋生，一向做事有条不紊、镇静自如的他开始被一种挥之不去的焦躁感所困扰。

在这种焦躁感的逼迫之下，李超开始对公司员工施加压力，要求他们不断加班加点，恨不得所有人都只是干活而不需要休息；无休无止地开会讨论公司各种发展机会，不断对公司的策略及发展方案进行改动，希望能够看到短期成效；对所有员工提出更严格甚至是苛刻的要求，不允许任何人有犯错的情况——李超试图用百分百的要求打造出百分百的公司竞争力，让公司在竞争中求胜。

令李超不解的是，这一切的努力都没有取得如期效果。

在他吹毛求疵的严格要求下，整个公司的创新精神受到重挫，员工们不求有功只求无过。另外，李超的焦躁情绪为整个公司的氛围蒙上一种人为的紧张：在他面前，员工们如惊弓之鸟，生怕由于一点点失误而受到斥责。在汇报工作时，公司高管尽量选择用美化的词语去报告工作，而不直言工作过程真实存在的缺陷与危机。更糟糕的是，公司几名核心骨干由于受不了李超的“高压”政策而辞职，公司的发展受到影响。

故事中李超的焦虑导致了他公司业绩的直线下降，焦虑情绪让李超缺少良好的情绪去对待员工，甚至表现得非常苛刻，最终导致了公司濒临瓦解。以上情况不能不把责任归结于李超的焦虑情绪。

焦虑情绪是很多人都会出现的，它是人处在压力底下一种生理及情绪上的不愉快、不舒服的感觉。如果不注意调剂疏泄，会导致内心矛盾冲突，使人陷入抑郁、焦虑、悲痛等心理困境之中，长期发展就会演变成焦虑症。大家都知道，生活和工作的压力会导致焦虑症的发生，对身心健康危害极大，并且严重影响我们的生活质量。这是多么的可怕！

现代社会，焦虑已经成为非常普遍的一种社会现象。人人都会有焦虑的感觉，产生焦虑是人的本能，而战胜焦虑才是人的本领。

那么，我们该如何跳出焦虑的泥潭呢？

下面是一种简单有效的控制焦虑发作的方法，包括四个步骤。

步骤一，叫停。一旦你感到有某种身体的不适（比如心跳加速、头晕），同时有某种不祥的预感时，立刻说“停止”。如果你曾经发作过焦虑症或正处于焦虑症发作时期，可以在手腕上套一个橡皮圈，在你说停止时，拉一下橡皮圈弹自己的手腕，给自己以提示。

步骤二，找原因。想想长时间坐着突然站起时，头晕是正常的，并不是什么不祥的预兆。但是由于控制不了灾难性的想法，焦虑症就容易爆发。每个人都会有头晕、心跳加快、胸闷的时候，那只是正常的生理反应。在这些反应发生时，先找到原因。想想：“我干了些什么？（一直坐着又站起，所以会头晕。）”“今天天气怎么样？”（天气预报说气压很低，所以感到胸闷。）“我昨晚休息得好吗？”（整晚没睡，所以很疲劳。）找到原因，就可控制焦虑的发作。

步骤三，转移注意力。转移注意力就是把注意力集中在与你目前的感觉无关的事情上，使自己无暇进行灾难性的推测。调动你所有的感官去注意周围环境：假设你走在一个广场上，你感到隐隐的不安，这时你可以马上去注意广场周围有什么建筑？这些建筑有什么特点？你以前进去过吗？假设你正参加一个集会，不祥之感袭来，你可以马上观察你旁边的人或是某个主持人在说什么、干什么。

步骤四，控制呼吸。焦虑症发作时病人呼吸急促，这会导致二氧化碳减少，进一步加剧身体症状，如头晕、四肢刺痛。

对于没有进行过呼吸训练的病人来说，简单的方法是用双手将一个没有漏洞的纸袋（不能用塑料袋）紧紧地套在自己的鼻子和嘴上，做深呼吸十次。

用下面的“控制呼吸法”呼吸，不仅有“急救”的作用，还能够降低你总的焦虑水平。这需要平时的训练。方法如下：

腹式呼吸：保持坐姿，身体后靠，不要驼背，五指并拢，双掌放于肚脐上。把你的肺想象成一个气球，用鼻子深深地吸一口气，把气球充满气，保持两秒钟。这时你看到你的手被“顶起”。再用嘴呼气，给气球“放气”，看你的手是否在慢慢回落。

慢呼吸：学会腹式呼吸后，开始学计时，不让呼吸变快。你要用四秒的时间吸气，再用四秒的时间呼气。

控制呼吸的方法，必须每天坚持练习多次。在你练习的时候，它已经在帮助你降低对焦虑的易感度。更重要的是，如果不能达到不假思索地使用这种呼吸法，在焦虑发作时，是派不上用场的。

气大伤身，何必为小事生气

现实生活中，让人生气令人发怒的事也许会随时发生，而作为一个情商高的人，为了安宁地、更好地工作和生活，处理各种不愉快，就需要忍气制怒，如果不忍，任意地放纵自己的感情，首先伤害的是自己。

在一望无际的大沙漠中，有一只骆驼有气无力地向前走着。正午的太阳简直就是一个大火球，把骆驼晒得又饿又渴，焦急万分。装了一肚子火的骆驼正不知该往哪儿走时，它的脚掌就被一块小小的玻璃片咯了一下，骆驼顿时火冒三丈，它抬起脚狠狠地将碎玻璃片踢了出去，却不小心将脚掌划开了一道深深的口子，鲜红的血液顿时把沙粒给染红了。

气呼呼的骆驼因为疼痛一瘸一拐地向前走着，身后留下了一串血迹，血迹引来了空中的秃鹫。它们在骆驼上方的天空中不停地嘶叫和盘旋着。骆驼心里一惊，不顾伤势狂奔起来。极速的跑动使伤口不断地撕裂，血也越流越多，在沙漠上留下一条长长的血痕。当骆驼跑到沙漠边缘时，浓重的血腥味儿又引来了附近的沙漠狼，疲惫加之流血过多，无力的骆驼只得像一只“无头苍蝇”一样东奔西突，仓皇中跑到一处食人蚁的巢穴附近。鲜血的腥味儿惹得食人蚁倾巢而出，黑压压地向骆驼扑过去。就在一刹那，食人蚁就像一块黑毛毯，把骆驼裹了个严严实实。一会儿工夫，那只可怜的骆驼就满身是血地倒在了地上。

临死前，这只骆驼追悔莫及地叹道：“我为什么跟一块小小的碎玻璃片生气呢？”临死前才明白不应该动不动就生气，这只骆驼显然明白得太晚了。

现实生活中，也不乏这样的人，他们实在太在意身边一些琐事了。其实，很多人的烦恼，并不是由多么大的事情引起的，而恰恰是来自对身边一些琐事的过分在意、计较和较劲。

英国著名作家迪斯雷利曾经说过：“为小事生气的人，生命是短暂的。”如果你真正理解了这句话的深刻含义，那么你就不会再为一些不值得一提的小事情而生气了。

在很久以前，有一个叫东吉的人，每次生气和人起争执的时候，就以很快的速度跑回家去，绕着自己的房子和土地跑3圈，然后坐在田边喘气，东吉工作非常勤劳努力，他的房子越来越大，土地也越来越广，但不管房地有多大，只要与人争论生气，他还是会绕着房子和土地绕3圈，东吉为何每次生气都绕着房子和土地绕3圈？

所有认识他的人，心理都起疑惑，但是不管怎么问他，东吉都不愿意说明，直到有一天，东吉很老，他的房地又已经太广大，他生气，拄着拐杖艰难的绕着土地跟房子，等他好不容易走3圈，太阳都下山，东吉独自坐在田边喘气，他的孙子在身边恳求他："阿公，你已经年纪大，这附近地区的人也没有人的土地比你更大，您不能再像从前，一生气就绕着土地跑啊！您可不可以告诉我这个秘密，为什么您一生气就要绕着土地跑上3圈？"

东吉禁不起孙子恳求，终于说出隐藏在心中多年的秘密，他说："年轻时，我一和人吵架、争论、生气，就绕着房地跑3圈，边跑边想，我的房子这么小，土地这么小，我哪有时间，哪有资格去跟人家生气，一想到这里，气就消，于是就把所有时间用来努力作。"

孙子问到："阿公，你年纪老，又变成最富有的人，为什么还要绕着房地跑？"

东吉笑着说："我现在还是会生气，生气时绕着房地走3圈，边走边想，我的房子这么大，土地这么多，我又何必跟人计较？一想到这，气就消了。"

一个人要生气，总会有生不完的气。既然如此，何不更旷达地面对人生，少为一些无关紧要的小事去生气，多找快乐，过好珍贵的每一天。

生活中，我们经常看到人们愁眉苦脸，抑郁伤感，发脾气，说起来不过多是为了一些微不足道的小事。人生是多么的短暂，因一些鸡毛蒜皮、微不足道的小事而耿耿于怀，为这些小事而浪费你的时间、耗费你的精力是不值得的。

郑凯是一位事业有成的中年人。他曾碰到件倒霉事：他开的工厂为外商做的衬衣因做工问题80%要返工，而发货期迫在眉睫。“之前从未出现过这么大的纰漏。为了赶合同期，大家只得昼夜不停地工作，一连三天，终于返修完了。”虽然这件事让郑凯着实紧张了一段时间，但事后想想，比起家人的健康来说，这种事不足挂齿，大不了就是赔上一些钱。

还有一次，他和朋友约好一起去酒吧喝酒。“年轻人都爱去有乐队演奏的酒吧，图的是热闹，我是为放松一下神经，所以会选安静一点的酒吧。”听着耳边萨克斯演奏的音乐，郑凯心情很不错。突然，有一个男人醉醺醺地走过来，不小心洒了郑凯一身的酒。郑凯开始有些生气，但又一想，算了，大不了回家把衣服洗了，何必跟一个喝醉酒的人生气呢，不值得。之后便又和朋友们聊起天、品起酒来。

其实，在每个人的生活中，都时不时地会发生一些不愉快的事情。也许是别人的一次不小心，把茶水洒在了自己的衣服上，或者是自己在开会的时候迟到了几分钟，又或者是因为中午的饭菜不合口味等等，这些鸡毛蒜皮的小事，会出现在每个人的生活里。但是，不同的人面对的方法却有着很大的不同。情商高人，常常会一笑了之，不为这些小事继续烦恼，而那些情商低的人，则会沉溺在这些小事中，一遍又一遍地自讨苦吃，最终只会耽误了其他工作。

很多时候，人们为了一点儿小事就生上好长一段时间的气，等到真正想明白，就会发现一点儿都不值得。

我们的心灵在任何时候都应该是沉着的，不要为一件微不足道的小事而生气，生气与烦恼只是展现自己面对困难时的无能而已，只有沉着与冷静才是面对困难并消灭它的最好办法。所以说，我们不应让一些小事影响了自己的心情，而是用豁达的心态去面对，这样才会有一个好结果。

第四章

自我激励：真正优秀的人，都自带『鸡血』

学会自我激励，用左手温暖右手

自我激励是情商的重要组成部分，它也是决定一个人是否能够取得成功的要素之一。所谓自我激励，就是通过激发人的行为动机的心理，使人处于一种兴奋状态。这是一种积极的自我心理暗示，常能使处于不利地位的人打消自卑感，增强自信心和进取心。

自我激励是一个人获得进取人生的内在动因。美国哈佛大学的威廉·詹姆斯发现，一个没有受过激励的人，仅能发挥其能力的20%～30%，而当他受到激励时，其能力可发挥至80%～90%，即一个人在通过充分的激励后，所发挥的作用相当于激励前的三至四倍。因此，只有学会了自我激励，才能不断地战胜自我，真正成为自己命运的主人。

李·艾柯卡是一个传奇性人物，在美国，他的名字家喻户晓。他曾是美国福特汽车公司的总经理，也是克莱斯勒汽车公司的总经理。作为一个强者，他的座右铭是：“奋力向前。即使时运不济，也永不绝望，哪怕天崩地裂。”他于

1985年发表的自传，成为非小说类书籍中有史以来最畅销的书，印数高达150万册。

李·艾柯卡的一生苦乐参半，他不光有成功的欢乐，也有挫折的懊丧。1946年，21岁的艾柯卡到福特汽车公司当了一名见习工程师。但他对和机器做伴、做技术工作不感兴趣。他喜欢和人打交道，想搞经销。于是，艾柯卡靠自己的奋斗，由一名普通的推销员开始做起，终于一步一步地当上了福特公司的总经理。

没有天天都是顺风顺水的好日子，生活中总会有些磨难。1978年7月13日，对李·艾柯卡来说是不幸的一天。就在这天，他被妒火中烧的大老板亨利·福特开除了。当了八年的总经理、在福特工作已32年、一帆风顺、从来没有在别的地方工作过的李·艾柯卡，突然间失业了。昨天他还是英雄，今天却好像成了麻风病患者，人人都远远避开他，过去公司里的所有朋友都抛弃了他，这是他生命中最大的打击。“艰苦的日子一旦来临，除了做个深呼吸，咬紧牙关尽其所能外，实在也别无选择。”艾柯卡是这么激励自己的，最后也是这么做的。他没有倒下去。他接受了一个新的挑战：应聘到濒临破产的克莱斯勒汽车公司出任总经理。

在以后的5年里，面对着克莱斯勒这艘有待抢救的沉船，艾柯卡凭借着他的智慧、胆识和魄力，大刀阔斧地对企业进行了整顿、改革，并向政府求援，舌战国会议员，取得了巨额贷款，重振企业雄风。1983年8月15日，艾柯卡把面额高达8亿多美元的支票，交给银行代表手里。至此，克莱斯勒还清了所有债务。而恰恰是5年前的这一天，亨利·福特开除了他。

成功总是属于不懈努力和不断激励的人。试想，如果艾柯卡不是一个坚忍的人，不敢勇于接受新的挑战，在巨大的打击面前一蹶不振、偃旗息鼓，那么他永远只是一个微不足道的小人物。然而，正是因为他拥有不屈服挫折和敢于面对困难的精神，才成就了事业上的辉煌。

自我激励是通向成功的一种方法。当自己孤立无援的时候，很多人想到的是寻找别人的肩膀去依靠，希望得到别人的安慰和鼓励。与其是依赖别人，为什么不去依靠自己呢？生活中的很多挫折、困难和打击都是需要自己独立去面对的，在别人给不了你帮助和支持的时候，自己就要学会为自己呐喊，为自己加油鼓劲。

自我激励，犹如生命美丽的翅膀。海伦说：“当你感到激励自己的力量推动你去翱翔时，你是不应该爬行的。”

张雨在宝洁实习刚一个星期，由于对这个行业简直就是一无所知，几乎没有任何出色的业绩，仅仅出售了几瓶洗浴液，看着旁边其他品牌的促销员，心中真不是滋味。学习经济管理四年，期间的刻苦努力不说，只为将来能干出一番业绩来。可是刚小试人生，就对自己的才智与能力打了一个折扣。其实他一点也不比别人笨，营销的理论都知道，为什么在实际的销售中没有业绩呢？面对一天不如一天的现状，他的思想开始动摇了，自己到底能不能继续胜任这份工作。

张雨和经理谈了自己的想法，经理劝他要对自己充满信心，不要放弃，如果自己对自己都没有信心，那么别人对你还会有信心吗？他希望张雨能够再坚持一个星期，并且参加全体员工工作会议，每个人都要讲自己在销售中遇到的实际情况，再说是如何考虑，如何解决的。经理的话使他感受到一种自我激励的存在，没有人可以帮他，只有靠自己了。他终于找到了困扰他的主要问题：面对失败，总是悲观地想问题，一味地认为自己不行，为何不自己鼓励自己呢？

于是，张雨发誓要在一个星期内改变现状。这几天，他干得十分轻松，每天都对自己说："今天是美好的，我一定要拿第一。"付出总有会有回报，在第五天，他拿了第一，他将这个好消息告诉了经理，经理鼓励他说："相信最佳，继续努力。"这是十分平常的一件小事，可是对他来说却不然。这让他明白自己事有能力有潜力的，只要坚持自己的信念，不断激励自己，没有办不到的事情。

学会自我激励，是一个人成功的必备素质。自我激励，表现了战胜困难的高度自觉性和主动性，是一种积极、奋发、向上的心理状态。一个人在困难和逆境面前，如果能够有效进行自我激励，就能从不良情绪中振作起来。人的一切行为都是受到激励而产生的，通过不断地自我激励，就会使人有一股内在的动力，朝向所期望目标前进，最终达到成功。

事实上，在我们每个人的生命里，潜藏着一种神秘而有趣的力量，那就是自我激励。自我激励是一个人事业成功的推动力，其实质则是一个人把握自己命运的能力，我们要有健康的心理，善于运用一定方法自我激励。

以下方法可以帮你实现自我激励，塑造自我，塑造那个你一直梦寐以求的自我：

1. 保持良好的心态。良好的心态，有助于摆脱挫折感，在受挫折时不断地给自己好的心理暗示，多想一些让自己兴奋和开心的事情，多想想事情的积极性的一面。

2. 调高目标。真正能激励你奋发向上的是：确立一个既宏伟又具体的远大目标。许多人惊奇发现，他们之所以达不到自己孜孜以求的目标，是因为他们的主要目标太小，而且太模糊，使自己失去主动力。如果你的主要目标不能激发你的想象力，目标的实现就会遥遥无期。

3. 把握好情绪。人开心的时候，体内就会发生奇妙的变化，从而获得阵阵新的动力和力量。但是，不要总想在自身之外寻开心。令你开心的事不在别处，就在你身上。因此，找出自身的情绪高涨期用来不断激励自己。

4. 适当给自己奖励。当自己完成一个阶段性的任务，或取得阶段性成果的时候，要给予自己适当的奖励，以保证自己的状态，同时展望下一个目标时，对自己许下一个愿望，如果能够达成，如何给自己奖励，以保证自己的激情。

总之，自我激励是人生中一笔弥足珍贵的财富，是人前行的无穷动力。一旦你拥有了自我激励的动力，你的生命就插上了美丽的翅膀，它将带着你展翅翱翔，创造属于你自己的人生辉煌。

优秀的人更努力，还有什么资格懒惰

在成功的众多因素当中，勤奋是必不可少的。努力不懈、自强不息，这是成功者的一项基本素质。高尔基说过："天才就是勤奋。人的天赋就像火花，它既可以熄灭，也可以燃烧，而迫使它能熊熊燃烧的办法只有一个，那就是勤奋。"爱迪生也说过："天才就是一分灵感加上九十九分汗水。"这些名言都在反复告诉我们这样一个永恒的真理：一个人能否取得成功，不是看他有多高的天赋，而关键在于他是否勤奋。

有三个很要好的年轻人，到电脑城游玩时，在一台电脑前做了一个成人智商测试。

甲某首先进行智商测试，电脑显示：你的智商直逼爱因斯坦，前途无量。甲某高兴万分。接着乙某的智商测试结果也出来了：你的智商有如常人，请多多努力。乙某不愠不恼。最后轮到丙某进行智商测试时，电脑显示：你的智商不及格，一切努力徒劳无益。丙某沮丧悲伤。

从科技城回来后，丙某下决心努力工作，奋发向上；乙某见丙某勤奋，也跟着加倍努力；只有甲某天天欣赏着自己的智商，坐等“前途无量”的结局。

三年后，丙某已升为经营部经理，乙某也被提拔为办公室主管，甲某却仍是公司的普通职员。他们又到电脑城进行成人智商测试，结果与上次完全相同。这时丙某哈哈大笑，乙某仍不愠不恼，甲某却羞怒万分，一拳砸在电脑上。电脑挨了一拳，屏幕显示：“打我没用！智商不等于成功，努力才是关键！”

由此看来，事业的成功与智商两者没有必然联系。智力是一种前提条件，要想创造辉煌的人生，还要依靠后天的勤奋努力。

“业精于勤荒于嬉”，机会总是垂青于那些勤奋努力、早有准备的人。一个人要想在这个竞争激烈的时代脱颖而出，就必须付出比他人更多的汗水和努力，具有一颗积极进取、奋发向上的心，否则只能由平凡变为平庸，最后成为一个毫无价值和没有出路的人。

勤奋是一笔价值远远超过黄金的财富，纵然你有黄金万两，但如果坐吃山空，你总会有穷困的一天，唯有勤奋才是永不枯竭的财源，这一点，我们应该牢记在心。勤奋能使人走向成功。

福海集团总裁罗忠福依靠他的勤奋和实干精神，在极短时间内便完成了资本原始积累阶段，并经过了资本经营和扩张阶段，做到10多亿资产这一步，可以说，在经商生涯中，他已达到了游刃有余，收放自如，上下灵活，左右逢源的境界。

1996年，罗忠福得知有一种叫“蒂芬尼”的建材产品，成本低廉，利润回报丰厚，而且在抗酸、抗腐等指标上要胜过天然大理石。敏锐的罗忠福马上意识到，这又是一块可开拓的“处女地”。市场调查证实，“蒂芬尼”在中国完全是个空白。于是，罗忠福果断拍板，从此在中国掀起了一场新型建材革命的浪潮。

经过谈判，罗忠福购买了美国著名建材商汤姆森的新型建材“蒂芬尼”的技术，这项技术的专利费是500万美元。付款后，罗忠福被安排到培训中心学习技术。罗忠福深知，这是一字千金的买卖。从此，他变得沉默起来，每天只睡两个小时，把全部的精力都放在学习上，他几乎把技术资料全都背了下来。

一位向他传授技术的教师，见他比谁都勤快，干的活比谁都多，还以为他是一名普通工人。后来得知他是中国的一个大富豪，不由得伸出了大拇指，连道“OK”！

回国后，罗忠福立即带领科技攻关小组，解决了汤姆森多年未解决的吊顶建材和大理石印花纸问题，并把这些专利返销回了美国。在面包烤箱一样的车间里，罗忠福与工人们一道，一干就是十几个小时；在实验室里，罗忠福和科技人员一蹲就是几天几夜。你很难想象，罗忠福可以亲手做出各种各样的精致工艺品、座椅家具，各式餐桌及厨房洁具和各种型号的室内外装饰材料，但这的确是真的。罗忠福的财富是干出来的，不是吹出来的，也不是坐等而来的。

1997年，罗忠福又填补了中国高档家具生产上的一个空白，全套引进意大利尼克斯家具生产线和专利技术。这是一种不用木材的高技术产品，风靡全球。

罗忠福说得好，民营企业要发展，你得自己去干，从干中了解产、供、销，从干中去体会、钻研国家的经济政策。罗忠福还曾总结自己的成功经验，其中很重要一条就是：勤奋实干的精神。

可见，勤奋足以使人们成就事业，它是所有成就伟大事业者的共同个性。世界上没有任何东西可以比得上、可以代替勤奋的意志，教育不能替代，多财的父母、多势的亲戚以及其他的一切，也都不能代替。唯有勤奋才能让做出非凡事业来，也唯有勤奋才能成全你的人生和事业。

勤奋是成功之本。一个人要想在这个竞争激烈的时代脱颖而出，就必须付出比他人更多的汗水和努力，具有一颗积极进取、奋发向上的心，否则只能由平凡变为平庸，最后成为一个毫无价值和没有出路的人。

成功与勤奋是密不可分的，如果想获得成功就必须通过勤奋的努力，俗话说得好："一分耕耘，一分收获。"没有辛勤的付出哪能有成功的源泉。成功的路上无捷径，只有勤奋才是成功的源泉。

成功的路上不会很拥挤，因为坚持的人不多

在现实生活中，人人都想成功，出人头地，但大部分人都不能正视前进途中的困难，稍有挫折，就会退缩。殊不知，放弃就等于半途而废，唯有坚持才能胜利。法国生物学家巴斯德说过："告诉你使我成功的奥秘吧，我唯一的力量就是我的坚持精神。"

这是一个发生在古希腊的故事：

为了宣扬哲学思想和理论，大哲学家苏格拉底开设了一所学校。在第一次上课时，他对学生说：“今天咱们只学一件最简单也最容易做的事。每人把胳膊尽量往前甩。”说着，苏格拉底示范了一遍，并问道：“从今天开始，每天做300下，大家能做到吗？”学生们都笑了，这么简单的事，有什么做不到的！过了一个月，苏格拉底问学生们：“到目前为止，有哪些同学坚持每天甩300下了？”有百分之九十的同学骄傲地举起了手。又过了一个月，苏格拉底又问，这回，坚持下来的学生只剩下百分之八十。一年以后，苏格拉底再一次问学生：“请告诉我，最简单的甩手运动，还有哪几位同学坚持了？”这时，整个教室里，只有一人举起了手。他就是后来成为古希腊另一位大哲学家的柏拉图。柏拉图的成功就在于他做到了别人没有做到的事——坚持。谁坚持了，谁就成为成功者；谁半途放弃，谁就将以失败而告终。

人人都渴望成功，人人都想得到成功的秘诀，然而成功并非唾手可得。我们常常忘记，即使是最简单最容易的事，如果不能坚持下去，成功的大门也绝不会轻易地开启。除了坚持不懈，成功并没有其他秘诀。

在我们生活和工作中，有很多容易的事情，但绝大部分人都因为太容易而没有去坚持，而真正能坚持下来的人往往最终都能取得成功。

被拒绝了1000次之后，还敢去敲1001次门的席维斯·史泰龙同样是靠坚持到底的精神走向成功的。史泰龙在未成名之时，身上只有100美元和一部根据自己悲惨童年生活写成的剧本《洛奇》。于是，他挨家挨户地拜访了好莱坞的所有电影制片公司，寻求演出的机会。当时好莱坞总共有五百家制片公司，史泰龙逐一拜访过后，没有任何一家公司愿意录用他。史泰龙面对五百次冷酷的拒绝，他毫不灰心，回过头来，又从第一家开始，挨家挨户地自我推荐。第二轮拜访，好莱坞的五百家公司，仍然没有一家肯录用他。史泰龙没有放弃希望，他坚信“没有所谓的失败，只是暂时不成功而已”。他把1000次的拒绝，当作是绝佳的经验。接着他又鼓励自己从1001次开始。后来又经过多次上门求职，总共经历了1855次严酷的拒绝，他的毅力终于感动了“胜利女神”——“我不忍心再看你拼命了，你耗尽了多少汗水，我就给你多少喜悦吧！”终于有一家电影制片公司同意采用他的剧本，并聘请他担任自己剧本中的男主角。

史泰龙的希望“兑现了”，电影《洛奇》一炮打响，他成了超级巨星，美国新一代的英雄偶像。

在生活和事业中，我们往往因为缺少这种持之以恒的精神而与成功失之交臂。有的时候，成功者与失败者之间的区别也就仅仅在于是否能够坚持到底。

很多有目标、有理想的人，他们工作，他们奋斗，他们用心去想，他们祈祷……但是由于过程太艰难，他们愈来愈倦怠、泄气，终于半途而废。到后来他们会发现，如果他们能再坚持久一点，如果他们能更向前瞻望一下，他们就会得到结果。

“行一百里者半九十。”最后的那段路，往往是一道最难跨越的门槛。其实，每一个人的一生中，无论工作或生活，都会或多或少地出现这样那样的极限环境，或者说极限困境。有的时候就需要那么一点点毅力，一点点努力的坚持，成功就能触手可及，而不是充满遗憾地擦肩而过。

我们每个人都渴望成功！那么，成功的秘诀是什么呢？是坚持！成功出自坚持，坚持就是胜利！只要我们拿出水滴石穿的精神，就没有什么困难能够阻挡我们前进的步伐。

执着于自己信念的人，才会取得成功

人是为什么而活？又是什么在支撑着人们努力奋发？其实，这不过就是两个字——信念。

信念是一切成功和奇迹的源泉。俄国的列宾曾经说过：没有原则的人是无用的人，没有信念的人是空虚的废物。如果我们在做任何事之前，没能树立起一个坚定的信念，只是一味地采取消极的态度，告诉自己这也无法实现那也不可能做到，恐怕我们的人生也就这样失败了。

在成功之前，我们必须相信自己有能力成功。信念的力量在成功者的足迹中起着决定性的作用，要想事业有成，就必须拥有无坚不摧的信念。

受到世人敬仰的南非总统曼德拉就是一位有着坚定信念的伟人。

出身于腾希族的曼德拉如果遵从命运或家庭的安排，他的人生本来是可以一帆风顺的。

曼德拉的父亲是腾希族大酋长的首席顾问，按照他父亲和大酋长的意愿，要把他培养成酋长。

曼德拉的梦想是成为一名律师。当22岁的曼德拉已经认识到自己要被培养为酋长，而他已下定决心绝不做统治压迫人民的事时，他选择了逃跑，以此来拒绝将来担任酋长。

曼德拉逃到了约翰内斯堡。在这个城市，他看到了白人和黑人生活的鲜明对照：白人生活在宽阔的市郊，到处是繁荣兴盛的景象；可是非洲人（即“土著人”）却被限制在许多“郊区土著人乡镇”和城市贫民窟里，居住拥挤，条件极差，还不断地受到警察的抄查。

他的政治态度因此受到影响，黑人严峻的生活环境和被曼德拉称为“疯狂的政策”的种族隔离，使曼德拉踏上了一生为黑人解放而进行斗争的征程。他参与“青年联盟”，领导全国蔑视运动，组织黑人进行对白人的斗争。

1952年，曼德拉因领导全国蔑视种族隔离制度运动而被捕入狱。获释后，他继续坚持斗争。

之后的日子里，曼德拉多次被捕，并遭到南非当局的通缉。他的斗争使他妻离子散，多年都未能与妻子、女儿团聚，而他的妻子也多次被捕。

1962年，曼德拉因莫须有的“叛国罪”被判为终身监禁。面对监禁，他说：“在监狱中受煎熬与在监狱外相比算不了什么。我们的人民在监狱内外受着苦难，但是光受苦还不够，我们必须斗争。”他没有妥协，没有退缩，在狱中坚持斗争。他拒绝南非当局提出的释放条件——只要放弃斗争就给他自由，他说：“我的自由同非洲人的自由在一起。”

这次的监禁持续了28年！人的一生能有几个28年呢，何况是在最年富力强的时候。但是以信念坚强著称于世的曼德拉对理想的追求仍矢志不渝。

在曼德拉的身上让我们看到许多优秀品质，还有高贵的人格魅力。正是这种超人的意志让他在牢狱中仍然能坚持自己的信念，他要忠于他的理想与信仰。

巨大的困难会给人带来各种痛苦的感觉，要想忍受这种痛苦，有一种方法，那就是：认为有一种东西要比痛苦更有价值，因而值得为之付出。这种东西就是信念。

信念是强大的精神力量，有了坚定的信念，就能精神振奋、克服困难，甚至生命受到威胁，也不轻易放弃内心信念。如果一个人对成功的信念不够坚定，那么他就会在充满困难和阻碍的现实面前缩手缩脚，于是很难到达成功的彼岸。我们应该拥有坚定的信念，我们应该相信自己总有一天会走向成功，因为我们每天都在为了目标的实现而坚持不懈地努力奋斗。坚定的信念可以帮助我们克服重重困难，跨过种种阻碍，坚定的信念可以促使我们付出积极努力的行动。

崔加住在密苏里州，他的父亲既有钱又慷慨。上高中时，父亲告诉崔加，想用钱随时可以开他银行户头的支票。读到大学时，崔加随心所欲地开支票。大学毕业后，崔加不知道金钱的价值，也不知道怎样去赚钱，他只知道开父亲银行户头的支票。

1928年，他的父亲去世了，留给崔加价值10万美元的财产，还有密苏里河下游一些广阔肥沃的土地。在密苏里州里辛顿，崔加开始从事农业。

30年代初，经济大萧条席卷了全美国，崔加陷入严重的赤字危机，于是，他拿一块土地去抵押贷款，清偿债务，重新补充自己的存款。后来，经济不景气仍在持续，崔加把那块抵押的土地卖掉，刚好抵消贷款。日子就这样继续着，需要钱时，就抵押或卖掉土地。

1938年，崔加破产了，他不再有钱，也不再有任何财产。如果要活下去，他就必须找份工作去上班，而以前，他从来没有做过事。他很惶恐，整夜睡不着觉，不知道该往哪里去求助。

一天晚上，崔加从噩梦中惊醒，他开始面对现实。他告诉自己：“老兄，一帆风顺的日子已经过去了，你必须做个成熟的人，上班去！”

崔加开始学会思考，思考自己的处境，包括信念。他一向认为：“对所有愿意努力向上的人来说，美国是个机会均等的国家. ”不过，他从来没有行动过。现在，尽管时机不好，工作机会很少，但自己也有一些长处：健康的身体，受过大学教育和一些事业上的训练，还有从失败和错误中得到的经验和知识。

崔加重新整理了自己的生活和思想，他逼迫自己把怀疑、恐惧的想法换成信念——相信美国是每个有决心的人都能占有一席之地的地方。此后，崔加一直紧守着这个信念。

他在堪萨斯城的联合财务公司找到一份工作，在那里工作了四年后，他辞职回到了农业上。这一次，情况非常好，他慢慢地建立起信誉，扩展事业。他从事农场买卖，也兼顾其他事业，他重新得到了自己所继承的财产。他的努力获得了超乎想象的成功。

崔加说："更重要的是，我学到了可以留给我两个儿子的伟大真理，这是比金钱更重要的遗产。我学会了我们必须要有信念，而且要把信念付诸行动。"

人的信念具有某种神秘的力量，在成功的道路上，只要你始终抱着必胜的信念，一切难题都将迎刃而解。坚定的信念使我们常怀希望，始终相信自己能够达到自己的目标，进而让我们不再杞人忧天地为明天而担忧，不再因失败而忧愁、悲伤，不再为不知该何去何从而焦虑，不再因失去而痛苦……只要我们拥有了坚定的信念，我们就能够战胜自己的负面情绪，进而成功。高情商的人无论在任何困难挫折面前，都能积极乐观地面对，始终不放弃自己的信念。

每个人都渴望成功，渴望取得骄人的成就，然而，要想获得成功，除了相信自己的杰出能力，没有什么可以激励一个人去成就伟大的事业。历史上的许多人，都对自己获取成功的能力具有坚定不移的信念，正是这种强大的信念使他们能够创造出一个又一个奇迹。

罗杰·罗尔斯是美国纽约州历史上第一位黑人州长。他出生在纽约声名狼藉的大沙头贫民窟。这里环境肮脏，充满暴力，是偷渡者和流浪汉的聚集地。在这儿出生的孩子，耳濡目染，他们从小逃学、打架、偷窃甚至吸毒，长大后很少有人从事体面的职业。然而，罗杰·罗尔斯是个例外，他不仅考入了大学，而且成了州长。

在记者招待会上，一位记者对他提问：“是什么把你推向州长宝座的？”面对三百多名记者，罗尔斯对自己的奋斗史只字未提，只谈到了他上小学时的校长——皮尔·保罗。

1961年，皮尔·保罗被聘为诺必塔小学的董事兼校长。当时正是美国嬉皮士流行的时代，他走进大沙头诺必塔小学的时候，发现这儿的穷孩子比“迷惘的一代”还要无所事事。他们不与老师合作，旷课、斗殴，甚至砸烂教室的黑板。皮尔·保罗想了很多办法来引导他们，可是没有奏效。后来他发现这些孩子都很迷信，于是在他上课的时候就多了一项内容——给学生看手相。他用这个办法来鼓励学生。

当罗尔斯从窗台上跳下，伸着小手走向讲台时，皮尔·保罗说：“我一看你修长的小拇指就知道，将来你是纽约州的州长。”当时，罗尔斯大吃一惊，因为长这么大，只有他奶奶让他振奋过一次，说他可以成为5吨重的小船的船长。这一次，皮尔·保罗先生竟说他可以成为纽约州的州长，着实出乎他的预料。他记下了这句话，并且相信了它。

从那天起，“纽约州州长”就像一面旗帜，罗尔斯的衣服不再沾满泥土，说话时也不再夹杂污言秽语。他开始挺直腰杆走路，在以后的四十多年间，他没有一天不按州长的标准要求自己。51岁那年，他终于成了州长。

在就职演说中，罗尔斯说："信念值多少钱？信念是不值钱的，它有时甚至是一个善意的欺骗，然而你一旦坚持下去，它就会迅速增值。"

信念是成功的支柱。一个人要想做成大事，必须有一种强大的力量作为精神上的支撑，这种力量来源于个人强大的信念。一个人有多大的信念，就会取得多大的成就。信念是蕴藏在心中的一团永不熄灭的火焰，它让我们勇敢、无畏地去面对生命的艰难困苦，人生的风风雨雨，命运的潮起潮落。

信念是一种力量，支撑着你的生命，带给你无限希望。坚定的义无反顾的按照自己的理想和信念，坚持不懈走下去，表面上看上去似乎是只知道埋头拉车不知道抬头看路，最终却抵达了人生的辉煌顶峰。

水因受阻而出声，人因挫折而成熟

人生在世，谁都会遇到挫折和失败，它够磨炼一个人的意志，给人以丰富的经验，增强性格的坚韧性和提高其解决问题的能力，引导一个人产生创造性变迁，寻找到更好的人生道路。

法国大作家巴尔扎克说：“挫折是能人的无价之宝，弱者的无底之渊。”强者在挫折面前会愈挫愈勇，而弱者面对挫折会颓然不前。

在美国，曾有一位电台女主持人被人贬得一文不值，并在自己的职业生涯中遭遇了18次辞退。

在最初求职的时候，她来到美国大陆无线电台面试。但是因为是女性遭到公司的拒绝。接着，她来到了波多黎各工作，由于她不懂西班牙语，于是又花了3年的时间来学习。在波多黎各的日子，她最重要的一次采访，只是有一家通讯社委托她到多米尼加共和国去采访暴乱，连差旅费也是自己出的。在以后的几年里，她不停面试找工作，不停地被人辞退，有些电台指责她能力太差，根本不懂什么叫主持。

尽管如此，她却从来没有放弃过。1981年，她来到纽约一家电台，但是很快被辞退，失业了一年多。有一次，她向两位国家广播公司的职员推销她的倾谈节目策划，都没有得到认可。于是她找到第三位职员，他雇用了她，但是要求她改作政治主题节目。她对政治一窍不通，但是她不想失去这份工作，于是她开始“恶补”政治知识。1982年夏天，她主持的以政治为内容的节目开播了，凭着她娴熟的主持技巧和平易近人的风格，让听众打进电话讨论国家的政治活动，包括总统大选，她几乎在一夜之间成名，她的节目成为全美最受欢迎的政治节目。

这个女人叫莎莉·拉斐尔。现在的身份是美国一家自办电视台节目主持人，曾经两度获全美主持人大奖。每天有800万观众收看她主持的节目。在美国的传媒界，她就是一座金矿，她无论到哪家电视台、电台，都会带来巨额的回报。

挫折对人是一种打击，同时又给人以一定的压力。但它却能磨炼人的意志和毅力，造就人才。“自古英雄多磨难，从来纨绔少伟男”。今中外历史上一帆风顺而又有大成就的人实在少见。真正出类拔萃的人，大多数都是那些历尽艰辛，在挫折中磨炼出坚强的意志，在逆境中不懈地奋斗的人。

生命无常，每个人都有或大或小的挫折，只要你有一颗永不服输的心灵，有一种越挫越勇的意志，内心就会升腾起一股勇往直前的勇气，从而也就不再抱怨上苍的不公。

挫折可以把人吓倒，使人唉声叹气，退缩不前；也可使人精神振奋，经受磨炼，增长才干，增强意志。就看你如何对待它。只有能面对困难和挫折而毫无惧色的人，才能到达成功的顶峰。

松下电器公司现在是世界500强企业之一，然而，它并不是一帆风顺地发展起来的，它曾经多次遭遇失败。但是凭着公司领导者坚韧不拔、永不认输的精神，松下公司一次次地在失败中寻找成功的方法，终于发展为现在的威震天下的松下电器公司。

松下电器公司的创始人松下幸之助在创办公司时，正值电器行业开始发展之时，他凭着直觉判断和认真的分析认为，这个行业将来有很好的发展前途。他研究出一种他自己认为符合时代需要的新产品——当时刚刚出现在家用电器市场上的电源插座。但是，市场并不像他想象的那样欢迎他的产品，电源插座并不畅销，他失败了。但是，在失败中，他也知道了创业的艰难。

1923年，松下幸之助研制了一种自行车电池灯。当时市场上的自行车电池灯只能用2～3小时，而松下公司发明的电池灯可以连续照明30～50小时，这种灯在功能、设计等方面均优于市场上的同类产品，松下幸之助自信产品投入市场会大受欢迎，于是开始大批量生产。然而，这次又很不幸。由于过去电池灯质量普遍低劣，批发商们不信任能有一种电池灯有可靠的质量保证，同样也拒绝销售松下公司的电池灯。松下公司已在此产品的研制、生产上投入了大量资金，在困难面前就此认输吗？不，松下幸之助决定凭着他一贯的韧劲再拼搏。

松下认定这种性能优越的产品肯定会受欢迎，公司因此决定继续投入大量资金进行生产。于是，公司生产了几千个样品灯，并免费安装，点燃后，放在自行车商店的铺面上。由于这些灯品质优越，燃烧寿命长，消费者感到很新鲜、很实用，这样便纷纷购买。松下公司的电池灯一下子成了热门货，公司也因此摆脱了困境。

成功是令人神往的，但通向成功的道路是坎坷的、曲折的、艰难的。纵观古今中外的成功者，哪一个不是历尽磨难？如果成功的路上都是一帆风顺，都能一蹴而就，那世界上就不会有人成功，有人失意了。只有具备面对困难百折不回、遇到挫折坚持不懈精神的人，才有可能登上成功的巅峰。因为遇到一点儿困难就灰心丧气，受到一点儿挫折就悲观失望，并因此而打退堂鼓，这样的人是永远都不可能达到成功目标的。

鸟儿想飞，然后才有了翅膀

人生没有达不到的高度，只有不远攀登的心。英国大作家约翰生曾说过：“在勤奋和技巧之下，没有不可能成功的事情。”的确，没有做不到的事情，只有你想不想做，或许当你做一件事情的时候会遇见很多的困难，但只要你发自内心地想做，最后还是会成功的。

在现实生活中，人们时常会遇到这样或那样的困难，看起来好像没有什么解决的办法，但只要你换一种方式去做，并排除固定观念的束缚，很多“不可能”都会变成“可能”。

年轻的时候，拿破仑·希尔抱着一个当作家的雄心。要达到这个目标，他知道自己必须精于遣词造句，字词将是他的工具。但由天他小时候家里很穷，所接受的教育不完整，因此，“善意的朋友”就告诉他，说他的雄心是“不可能”实现的。

年轻的希尔存钱买了一本最好的、最完全的、最漂亮的字典，他所需要的字都在这本字典里面，而他的意念是完全了解和掌握这些字。但是他做了一件奇特的事，他找到“不可能”这个词，用小剪刀把它剪下来，然后丢掉，于是他有了一本没有“不可能”的字典。以后他把他整个的事业建立在这个前提上，那就是对一个要成长，而且要成长得超过别人的人来说，没有任何事情是不可能。

由此看来，只要从你的字典里把“不可能”这个词删除，从你的心中把这个观念铲除，从你谈话中将它剔除，从你的想法中将它排除，从你的态度中将它扫除，不要为它提供理由，不再为它寻找借口，把这个字和这个观念永远的抛弃，而用光辉灿烂的“可能”来替代，你就能够将“不可能”变为“可能”。

林语堂先生讲过一句话："为什么世界上95%的人都不成功，而只有5%的人成功？因为在95%人的脑海里，只有三个字'不可能'。"改造命运、不为群体意识所绊、不被"不可能"这类词汇难倒，常常是"极少数人"的思想和行为。一件件曾被认为"不可能"的事在他们手中变为可能，他们天生就是成功者。

你愿意过"大部分人"那"正常"的生活呢，还是想拥有"极少数人"那"不正常"的成功生命？如果你选择了后者，就要学会运用自己的意念。坚信你能，那么你就真的一定能，并一定能将"不可能"变成"可能"。

汤姆·邓普西就是将不可能变为可能的一个例子。

汤姆·邓普西生下来的时候，只有半只脚和一只畸形的右手。父母从来不让他因为自己的残疾而感到不安。结果是任何男孩能做的事他也能做。如果童子军团行军10里，汤姆也同样走完10里。

后来他要踢橄榄球，他发现，他能把球踢得比任何在一起玩的男孩子远。他要人为他专门设计一只鞋子，参加了踢球测验，并且得到了冲锋队的一份合约。

但是教练却尽量婉转地告诉他，说他"不具有做职业橄榄球员的条件"，促请他去试试其他的事业。最后他申请加入新奥尔良圣徒球队，并且请求给他一次机会。教练虽然心存怀疑，但是看到这个男孩这么自信，对他有了好感，因此就收了他。

两个星期之后，教练对他的好感更多，因他人在一次友谊赛中踢出55码远得分。这种情形使他获得了专为圣徒队踢球的工作，而且在那一季中为他的一队踢得了99分。

然后到了最伟大的时刻，球场上坐满了66000名球迷。球是在28码线上，比赛只剩下了几秒钟，球队把球推进到45码线上，但是根本就可以说没有时间了。“邓普西，进场踢球。”教练大声说。

当汤姆进场的时候，他知道他的队距离得分线有55码远，由巴第摩尔雄马队毕特·瑞奇踢出来的。

球传接得很好，邓普西一脚全力踢在球身上，球笔直地前进。但是踢得够远吗？66000名球迷屏住观看，接着终端得分线上的裁判举起了双手，表示得了3分，球在球门横杆之上几英寸的地方越过，汤姆一队以19比17获胜。球迷狂呼乱叫，为踢得最远的一球而兴奋，这是只有半只脚和一只畸形的手的球员踢出来的！

“真是难以相信。”有人大声叫，但是邓普西只是微笑。他想起他的父母，他们一直告诉他的是他能做什么，而不是他不能做什么。他之所以创造出这么了不起的记录，正如他自己说的：“他们从来没有告诉我，我有什么不能做的。”

在积极者的眼中，永远没有“不可能”，取而代之的是“不，可能”。积极者用他们的意志，他们的行动，证明了“不，可能”的“可能性”。

“只要有足够的意志力，足够的头脑和足够的信心，几乎任何事情都可以做到。”不是不可能，只是暂时没有找到方法。正如哈瑞·法斯狄克所说：“这世界现在进步得太快了，如果有人说某件事不可能做到，他的话通常很快就会被推翻，因为很可能另一个人已经做到了。在信心和勇气之下，只要我们认为可以做到，就可以以科学的方法推翻‘不可能’的神话，我们就可能做成任何我们想做的事情。”

生活中确实有许多的“不可能”在我们心头，它无时无刻不在侵蚀着我们的意志和理想，其实，这些“不可能”大多是人们的一种想象，只要能拿出勇气主动出击，那些“不可能”就会变成“可能”。人的潜能是巨大的，一个人只有具备积极的自我意识，才会知道自己是个什么样的人，并知道能够成为什么样的人，从而他才能积极地开发和利用自己身上的巨大潜能，将不可能的事变成可能，干出非凡的事业来。

开掘自我潜能，唤醒内心的巨人

主动开掘自我潜能，是情商的核心内容之一。生活中，无论你是谁，你都是一座宝藏。人的内在储藏着无尽的智慧和潜能，而且是永远挖掘不尽的。

所谓“潜能”通常是指一个人身体、心理素质等方面存在的发展可能性。潜能是一个人本身具备但是还没有开发出来的能力，它就像是一双隐形的翅膀，只有在人们发现它的那天起，它才会让你真正插上双翼，带你在天空自由飞翔。

任何成功者都不是天生的，成功的根本原因是开发了人的无穷无尽的潜能。每一个人的内部都有相当大的潜能。爱迪生曾经说：“如果我们做出所有我们能做的事情，我们毫无疑问地会使我们自己大吃一惊。”

一位音乐系的学生走进练习室。在钢琴上，摆着一份全新的乐谱。

“超高难度……”他翻着乐谱，喃喃自语，感觉自己对弹奏钢琴的信心似乎跌到谷底，消靡殆尽。已经三个月了！自从跟了这位新的教导教授之后，不知道，为什么教授要以这种方式整人。勉强打起精神。他开始用自己的十指奋战、奋战、奋战……琴音盖住了教室外面教授走来的脚步声。

指导教授是个极其有名的音乐大师。授课的第一天，他给自己的新学生一份乐谱。“试试看吧！”他说。乐谱的难度颇高，学生弹得生涩僵滞、错误百出。“还不成熟，回去好好练习！”教授在下课时，如此叮嘱学生。

学生练习了一个星期，第二周上课时正准备让教授验收，没想到教授又给他一份难度更高的乐谱，“试试看吧！”学生再次挣扎于更高难度的技巧挑战。

第三周，更难的乐谱又出现了。两样的情形持续着，学生每次在课堂上都被一份新的乐谱所困扰，然后把它带回去练习，接着再回到课堂上，重新面临两倍难度的乐谱，却怎么样都追不上进度，一点也没有因为上周练习而有驾轻就熟的感觉，学生感到越来越不安、沮丧和气馁。教授走进练习室。学生再也忍不住了。他必须向钢琴大师提出这三个月来何以不断折磨自己的质疑。

教授没开口，他抽出最早的那份乐谱，交给了学生。“弹奏吧！”他以坚定的目光望着学生。

不可思议的事情发生了，连学生自己都惊讶万分，他居然可以将这首曲子弹奏得如此美妙、如此精湛！教授又让学生试了第二堂课的乐谱学生依然呈现出超高水准的表现……演奏结束后，学生怔怔地望着老师，说不出话来。

“如果，我任由你表现最擅长的部分，可能你还在练习最早的那份乐谱，就不会有现在这样的程度……”钢琴大师缓缓地说。

人的潜能是无穷的，但是只有在某种情况下它才能被发挥得淋漓尽致。激发人的潜能是为了使我们的能力和聪明才智充分地发挥出来，为我们的生活，学习，工作打下坚实的基础，使我们在人生的道路上不断地超越自我，挑战自我，充分体现自我的人生价值，创造美好的人生！

有一句老话说：“在命运向你掷来一把刀的时候，你要抓住它的两个地方：刀口或刀柄。”如果你抓住刀口，它会割伤你，甚至使你致死；但是如果你抓住刀柄，你就可以用它来打开一条大道。因此当你遇到大障碍的时候，你要抓住它的柄。也就是说，让挑战激发你自身的潜能，发挥出你的战斗精神，你才能够有所成就，有所收获。

日本一家报纸曾报道了一件有趣的事：一名日本妇女趁幼儿熟睡之际外出购物，返家途中，在巷口与人闲聊，这时家中的幼儿醒来寻母，遂爬上阳台呼叫，不幸小孩一失足从阳台上坠落下来，说时迟，那时快，其母飞奔至楼下，奇迹般地接住了自己的孩子。按道理说三岁幼儿体重约十五公斤重，从五楼坠下，在重力加速度的作用下，在将近到达地面时的重量绝非常人所承受得了，况且这个人是个年近三十的妇女。这件事在日本引起了轰动。后来新闻界还专门请来举重运动员和赛跑运动员做了一个模拟试验，结果都无法成功地接住也无法及时赶到出事地点。

一个弱女子在奋不顾身的情况下，其运动技能的水平居然能远远超过训练有素的运动员。类似的事件也曾在英国及美国发生过。在一个夏天，美国一位残障、一直以轮椅代步的青年母亲，在她孩子失足掉进游泳池的时候，她连人带轮椅冲进泳池，救起了她的孩子，并随即实施人工呼吸，救活了她的孩子。事后警方当局请这位母亲描述她的整个经过时，她却答不上半句话来。

从上述的例子中，我们可以了解一个事实：那就是每个人都有巨大的潜能，人的潜能是无穷的。美国学者詹姆斯根据其研究成果指出："普通人只开发了自己身上所蕴藏能力的1/10，与应当取得的成就相比较起来，每个人不过是半醒着的。"是的，每个人的自身都是一座宝藏，都蕴藏着大自然赐予的巨大潜能，只是由于没有进行各种潜能训练，使得我们没有机会将内在的潜能淋漓尽致地发挥出来。在我们身上没有得到开发的潜能，就犹如一位熟睡的巨人，一旦受到激发，便能发挥"点石成金"的力量。

每个人都隐藏着惊人的潜能，任其埋没，就会平庸一生；激发潜能，就能辉煌一生。罗斯福曾经说过："杰出的人不是那些天赋很高的人，而是那些把自己的才能尽可能发挥到最高限度的人。"人的潜能是巨大的，一个人只有具备积极的自我意识，才会知道自己是个什么样的人，并知道能够成为什么样的人，从而他才能积极地开发和利用自己身上的巨大潜能，将不可能的事变成可能，干出非凡的事业来。

生活中，很多事情不是"能不能"，而是"要不要"。你真正想要的是什么？放手去做，全力以赴，只要发挥你的潜能，你就能做到。

第五章

人际交往：可以比想象的更受欢迎

不要吝啬赞美，走出孤芳自赏的怪圈

马克·吐温说过，听到一句得体的称赞，能使他陶醉两个月。在现实生活中，每个人都喜欢听赞美之词。当一个人受到别人真诚的赞美时，就会产生积极的心理效应，如性格会变得活泼、热情、积极、乐观，愿意与人接近等。而我们则可以利用人们的这种心理，在谈话中多赞美对方，这样就能够收到比较好的效果。

同在一家公司工作的珍妮和苏珊素来不和，珍妮觉得苏珊总是在故意刁难自己，见了自己不是冷冰冰的，就是阴阳怪气的. 这样的人，就是再聪明能干，也没人愿意理她。

有一天，珍妮忍无可忍地对另一同事保罗说："你去告诉苏珊一声，我真受不了她，请她改改她的坏脾气，否则没有人愿意理她。"

保罗听了笑着说："没问题，我一定会处理好这件事。"

以后苏珊遇到珍妮时，苏珊果然是既和气又有礼，不但不再说冷冰冰的刻薄话，反而有时还称赞她。

珍妮向保罗表示谢意，并惊奇地追问他是怎么说的。

保罗笑着说，我跟苏珊说："有那么多人称赞你，尤其是珍妮，说你人聪明又大方，人也温柔善良。仅此而已。"

看，这就是赞美的力量。人们对于赞美和认可总是不设防的，往往一句简单又看似无心的赞扬，一个认可的表情就是良好关系的开端，人与人的距离便由此而拉近。

赞美是人们对美好事物、美好行为的褒扬性评价。美国著名心理学家威廉·詹姆斯说："人类本性上最深的企图之一是期望被赞美、钦佩、尊重。"巧妙赞美别人，不仅会赢得对方的尊重，还会提高你在别人心目中的地位。只要是优点、是长处，对别人没有害处，你就可以毫无顾忌地表示你的赞美之情。

赞美是成功人际交往的一种重要能力，人们会因此而喜欢你，而你自己也会因此而受益无穷。

比恩·崔西是美国的一位图书推销高手，他曾经说："我能让任何人买我的图书。"他推销图书的秘诀只有一条：善于赞美顾客。一次，他去推销自己的书，遇到了一位非常有气质的女士。这个时候，比恩·崔西刚刚开始运用赞美这个法宝。当这位女士听到推销员的赞美时脸一下子就阴了下来："我知道你们这些推销员很会奉承人，专挑好听的说，不过，我不会听你说的鬼话的。你还是节省点时间吧。”但是比恩·崔西却微笑着对她说：“是的，您说得很对，推销员是专挑那些好听的话来讲，甚至会说得别人昏头昏脑的，像您这样的顾客我还是很少遇到，特别有自己的主见，从来不会受到别人的影响。”这时，细心的崔西发现，这位女士的脸已由阴转晴了。并且她问了崔西很多的问题，崔西一一真诚地作了回答。最后，崔西开始高声赞美道：“您的形象反映了您高贵的个性，您的语言反映了您敏锐的头脑，而您的冷静衬托出了您的气质。”女士听崔西的一番言论后，高兴地笑了起来，很爽快地买了一套书籍。后来，她又在崔西那里购买了上百套书籍。随着推销图书经验的日渐丰富，比恩·崔西总结了一条人性定律：没有人不爱被他人赞美，只有不会赞美别人的人。

一天，比恩·崔西到某家公司推销图书，办公室里的员工选了很多书，正要准备付钱时，忽然进来一个人，大声道：“这些跟垃圾似的书到处都有，要它干什么？”崔西正准备向他露一个笑脸，那人边说边走了过来：“你别给我推销，我肯定不会要，我保证不会要。”“您说的是对的，您为什么要这些没用的书呢？您一定是一位知识渊博的人，很有文化素养，很有气质，要是您有弟弟或者妹妹，他们一定会以您为荣，一定会很尊重您的。”崔西微笑着，不紧不慢地说。“你怎么知道我有弟弟妹妹的？”那位先生有点兴趣地问道。崔西回答：“第一眼看到您，您就是有大哥的风范，我就想，如果谁能有你这样的哥哥，一定是上天非常眷顾的人。”结果，那个人就以大哥教导自己弟弟的语气对他说话，两个人聊了很长时间。最后，那位先生以支持崔西这位兄弟工作为由，为他自己的亲弟弟选购了五套书。崔西在当天的日记中写道：“其实，我心里很明白，只要能够跟我的顾客聊上三分钟，他不买我的图书，那是不可能的。因为，无论做人还是做事，要改变一个人，最有效的方式就是：传递信心，转移情绪。”同时，他也写下了一条人性定律：“人是感性左右理性的动物。若一个人的感性被真正调动了，那么，他想拒绝你比接受你还要难。而要想迅速控制一个人的感性思维，最有效和最快捷的方法就是恰如其分的赞美。”

赞美是人际关系的催化剂。真诚的赞美往往会迅速缩短人与人之间的心理距离，从而达成有效沟通的目的。鼓励和赞美他人，使他人有一种满足感，把他当作你的知心朋友，这对交往来说，有不可估量的作用。

每个人都喜欢被人赞美，哪怕小小的称赞。赞美会带来吸引力，而这种吸引力就是亲和力，如果我们想要在人际交往中更进一步，那么，就让我们用心去赞美吧！

真诚的倾听者，是能够走进别人心里的那个人

生活中，很多人之所以不讨人喜欢，不能给人留下良好的印象，原因是他们的情商较低，不能耐心地做一个很好的听众。教育家卡耐基说：“做个听众往往比做一个演讲者更重要。专心听他人讲话，是我们给予他的最大尊重、呵护和赞美。”每个人都认为自己的声音是最重要的、最动听的，并且每个人都有迫不及待地表达自己的愿望。在这种情况下，友善的倾听者自然成为最受欢迎的人。所以，如果要别人喜欢你，原则是：首先做个好听众，并随时鼓励对方谈谈他自己的事。

美国汽车推销之王乔·吉拉德曾有一次深刻的体验。一次，某位名人来向他买车，他推荐了一种最好的车型给他。那人对车很满意，并掏出10000美元现钞，眼看就要成交了，对方却突然变卦而去。

乔·吉拉德为此事懊恼了一下午，百思不得其解。到了晚上11点他忍不住打电话给那人：“您好！我是乔·吉拉

德，今天下午我曾经向您介绍一部新车，眼看您就要买下，却突然走了？”

“喂，你知道现在是什么时候吗？”

“非常抱歉，我知道现在已经是晚上11点钟了，但是我检讨了一下午，实在想不出自己错在哪里了，因此特地打电话向您讨教。”

“真的吗？”

“肺腑之言。”

“很好！你用心在听我说话吗？”

“非常用心。”

“可是今天下午你根本没有用心听我说话。就在签字之前，我提到我的吉米即将进入密执安大学念医科，我还提到他的学科成绩、运动能力以及他将来的抱负，我以他为荣，但是你毫无反应。”

乔·吉拉德不记得对方曾说过这些事，因为他当时根本没有注意。乔·吉拉德认为已经谈妥那笔生意了，他不但无心听对方说什么，反而在听办公室内另一位推销员讲笑话。这件事让他领悟到“听”的重要性，让他认识到如果不能自始至终倾听对方讲话的内容，认同客户的心理感受，难免会失去自己的客户。

一个讲话者总希望他的听众听完他发表的意见，如果你对此漫不经心，或者毫不在乎，这就在一定程度上伤害了他的自尊心，他原来对你的好感也会顷刻化为乌有。如果你要在沟通中赢得他人的好感，那么你首先要做到的便是用心的倾听。正如一位心理学家所说："以同情和理解的心情倾听别人的谈话，我认为这是维系人际关系，保持友谊的最有效的方法。"

外国有句谚语："用十秒钟的时间讲，用十分钟的时间听。"倾听是人际交往中一项很重要的制胜法宝。一个在人群中滔滔不绝的人或许很容易得到大家的尊敬和钦佩，可是一个懂得倾听并善于鼓励别人的人，更能容易得到他人的好感和信任。

基德是威廉见到的最受欢迎的人士之一。他总能受到邀请参加一些私人聚会。

一天晚上，威廉碰巧到一个朋友家参加一次小型社交活动。他发现基德和一个漂亮女孩坐在一个角落里。出于好奇，威廉远远地注意了一段时间。威廉发现那位年轻女士一直在说，而基德好像一句话也没说。他只是有时笑一笑，点一点头，仅此而已。几小时后，他们起身，谢过男女主人，走了。

第二天，威廉见到基德时禁不住问道：

"昨天晚上我看见你和最迷人的女孩在一起。她好像完全被你吸引住了。你怎么抓住她的注意力的？"

"很简单。"基德说，"有个朋友把她介绍给我认识后，我只对她说：‘你的皮肤晒得真漂亮，在冬季也这么漂亮，是怎么做的？你去哪呢？阿卡普尔科还是夏威夷？’”

“夏威夷，”她说，“夏威夷永远都风景如画。”

“你能把一切都告诉我吗？”我说。

“当然。”她回答。我们就找了个安静的角落，接下去的两个小时她一直在谈夏威夷。

“今天早晨，那个女孩打电话给我，说她很喜欢我陪她。她说很想再见到我，因为我是最有意思的谈伴。但说实话，我整个晚上没说几句话。”

看出基德受欢迎的秘诀了吗？很简单，基德只是让那个女孩谈自己。他对每个人都这样——对他人说：“请告诉我这一切。”这足以让一般人激动好几个小时。人们喜欢基德就因为他注意他们。

由此可见，专注认真地倾听别人谈话，向对方表示你的友善和兴趣，这样做的最大价值就是深得人心，能使双方感情相通、休戚与共，增加信任度。

人们都喜欢善于倾听的人，倾听是使人受欢迎的基本技巧。人们被倾听的需要，远远大于倾听别人的需要。倾听是心与心的交流。只有善于倾听的人，才会赢得很多的朋友。

记住别人的名字，让人感觉到他很重要

在人际交往的过程中，高情商的人善于记住别人的名字。这是一种礼貌。只要能够记牢对方的姓名，可以快速拉近彼此的距离，使对方对你产生良好印象。

俗话说：人过留名，雁过留声。姓名是人的标志，人们出于自尊，总是最珍爱它，同时也希望别人能尊重它。美国前总统罗斯福说过："交际中，最明显、最简单、最重要、最能得到好感的方法，就是记住人家的名字。"踏入社会和人交往的第一秘诀就是记住他人的名字，因为记住每个人的名字，是尊重一个人的开始，也是与人有效沟通的第一步。

在一家公司的员工年会上。上任不到半年的总经理举着盛满红酒的玻璃杯，走到员工的餐桌前和大家干杯。大家看见总经理驻足在面前，不约而同地都站立了起来，以示尊重。然而这位总经理大声说道：

"尊敬的员工们，现在我提议，我站着，大家坐着，当我叫出谁的名字的时候，就请谁站立起来，和我碰一下杯，至于酒嘛，就请随意地喝一口，互相不要勉强，好吗？"

大家异口同声地“好”了一声后，都眨巴着疑惑的眼睛看总经理，他难道真能叫出每一位员工的名字？要知道，参加年会的员工有360位。这时，只见总经理举着酒杯，走到一位员工面前，先是立刻非常准确地叫出这位员工的名字，接着再报出其工号，并和这位员工轻轻地碰一下杯，道一声“辛苦了，公司不能没有您，谢谢您！”抿上一口红酒，紧紧地和这位员工拥抱一下，如果是女士，则要紧紧地握一下手，完毕了做一个“请坐”的绅士手势，然后再走至下一位员工前。当他准确无误地叫出最后一位员工名字的时候，全体员工都不约而同地站了起来，使劲地鼓着掌，在经久不息的掌声中，360位员工敬意目光一齐投向这位总经理。而总经理呢，似乎也被这一情景感动了，一会儿高扬着双手挥动着，一会儿高扬着的双手握成一团，以表示最诚挚的谢意。

会后有人问总经理：“你的记性怎么会这么好？竟能记住了全公司每一位员工的名字？”他微笑着回答：“我是公司的总经理，每天要到各个车间里实施走动管理，我命令自己每天必须要记住3位员工的容貌和他的名字及工号，这样做不仅是对员工的一种尊重，也是和员工心灵的一种通融。因为我有这方面的体会，我以前也是一名普通员工，作为一名普通员工，自己总是很想在总经理心目中占有一席之地，让管理者感知到我的工作价值，就和我的名字一样，是独一无二的，也是难以替代的，这样工作起来才会有股劲头。而作为公司总经理，应该具备这样的记忆力，能牢牢地记住每一位员工的名字以及他的工号，而且能随时随地很快地叫出每一位员工的名字和他的工号，这也许要比记那些MBA教材里的名词术语管用得多。”

记住对方的名字是极为重要的。这既表现出了你对对方的重视，同时，也让对方感到你的亲切。如此一来，对你的好感也就油然而生。在人际交往中，高情商的人可以轻松赢得对方的好感。

古人云：“不知礼，无以立也；不知言，无以知人也。”记住别人的名字，不仅传递了你对别人的尊重，满足了人类基本的心理需求，拉近了人与人之间的距离，产生其他礼节所达不到的效果，也体现了一个人的知识、涵养和魅力所在。

吉姆·法里从来没有进过中学，但是在他46岁之前，已经有4所学院授予他荣誉学位，并且他还成了民主党全国委员会的主席、美国邮政总局局长。他成功的秘诀在哪里呢？原来，他有一种记住别人名字的惊人本领。

有人去访问他，向他请教：“据说你可以记住1万个人的名字。”

“不，你弄错了。”他说，“我能叫出5万个人的名字。

我在为一家石膏公司推销产品的时候，学会了一套记住别人名字的方法。”

吉姆·法里介绍说这是一个极其简单的方法：

每当他新认识一个人的时候，就问清楚对方的全名、家里的人口，以及干什么行业、住在哪里。他把这些牢牢地记在脑海里。即使一年以后，他还是能够拍拍对方的肩膀，询问对方太太和孩子的情况。

难怪会有那么多人拥护他！

在罗斯福竞选总统期间，吉姆·法里每天都要写好几百封信给遍布西部和西北部各州的熟人。然后他跳上火车，19天内行程12000里。他每到一个市镇，就跟他所认识的人一起吃饭喝茶，向他们倾吐一番“肺腑之言”。然后又继续他的下一站。结果，他使得罗斯福获得了众多的选民，进入了白宫。

吉姆·法里说：“记住人家的名字，而且很轻易地叫出来，等于给别人一个巧妙而有效的赞美。因为我很早就发现，人们把自己的姓名看得惊人的重要。”

或许，这就是吉姆法里成为邮政局长的奥秘之一。

善于记住别人的姓名是一种礼貌，也是一种感情投资，在人际交往中会起到意想不到的效果。美国一位学者曾经说过：“一种既简单但又最重要的获得好感的方法，就是牢记住别人的姓名，并且在下一次见面时喊出他的姓名。”名字作为每个人特有的标识，是非常重要的。所以，尝试记住他人的名字，不仅是对他人的尊重和表示你对他人的重视，同时也让对方对你产生更好的印象。

世界上天生就能记住别人的名字的人并不多见，大多数人能做到这一点全靠有意培养形成的好习惯。而你一旦养成了这个好习惯，它就能使你在人际关系和社会活动中占有很多优势。

记住对方的姓名，并不是一件轻而易举的事，需要下一点工夫，还得有一套方法，一般能记住大量名字的人的方法，主要有如下几点：

1. 记住每个人的特征

人有许多方面的特征，有外形的特征，如眼睛特别大，胡子特别多，前额很突出等等；有职业上的特征，如他最擅长某一技术，在某一技术、学识上有受人称道的雅号等等；名字上的特征，有的名字故意用些生僻的字，或者很少用来作名字的字，有的名字与某几个人的名字完全相同，这本来是没有特征的，但可以把“同名共姓”作为一个特征，再把他们区别开来，就容易记忆了。

2. 用本子记下对方的名字

如果对方的名字比较难记，你可以说：“我记忆力差，请让我记下来。” 对方不但不会讨厌，还会产生一种自重感，因为你真心实意想记住他的名字。为了防止以后翻到名字也回忆不起来，除了记下名字以外，还要把基本情况如性别、年龄等记下来。这个小本本要经常翻一翻，一边翻一边回忆那一次会见此人的情景，这样，三年五载以后再碰到此人，你也可以叫出他或她的名字来。

懂得宽容的人，情商都不低

宽容是一种美德，是一种思想修养，也是人生的真谛，你能容人，别人才能容你，这是生活的辩证法则。学会宽容，你就会善于发现事物的美好，感受生活的美丽。高情商人的魅力所在就是能够以宽容之心，放下成见，化干戈为玉帛。

金大中经过漫长岁月的奋斗和努力，终于当上了韩国总统。在正式就职之后，他做了一件令世人敬佩的举动，就是公开在青瓦台总统府，招待了曾经迫害过他的四位前任韩国总统，包括全斗焕、卢泰愚、金泳三和崔圭夏。

在那场晚宴中，金泳三一直板着脸，沉默不语，而全斗焕和卢泰愚对金泳三则恨之入骨，根本不愿和他坐在一起，所以只好由国务总理坐在中间。而这位国务总理不是别人，就是当年的中央情报局局长，也是下令要暗杀金大中的人。

当时若不是美国适时阻挡，金大中可能早就被装入麻袋，丢入海中淹死。

他以具体行动化解了政治仇恨，也展现了伟大的恕人之道。

在轰动一时的光州大审中，他曾被政府判处死刑。当时他曾立下遗书，要求他的家人和同志不要报仇，让政治迫害就到此为止。

他的宽广心胸和宏伟的情操，赢得无数世人的尊敬。

宽容体现了一个人的素养与气度，表现了人的思想水平。只有一个拥有智慧的人，才会在心中留出一片天地给别人。当你学会宽容别人时，就是学会宽容自己，给别人一个改过的机会，就是给自己一个更广阔的空间！

原谅那些曾伤害我们的人，就能让自己的身上创造出生命的力量、光芒，既能照亮他人，也能点亮自己。学会宽恕别人，就是学会善待自己。仇恨只能让我们的心灵永远生活在黑暗之中；宽恕，却能让我们的心灵获得自由，获得解放。

宽容是人处世的准则。一个宽宏大量，与人为善，宽容待人，能主动为他人着想和帮助别人的人，一定会讨人喜欢，被人接纳，受人尊重，具有魅力，因而能够更多地体验成功的喜悦。而一个以敌视的眼光看人，对周围的人戒备森严，心胸狭窄，处处提防，不能宽大为怀的任，必然会因孤独而陷于忧郁和痛苦之中。

1918年，梁思成17岁的时候认识了14岁的林徽因，他们两人的父亲是朋友，早早就定下了孩子们的亲事，两人于1928年步入了婚姻的殿堂。

林徽因是当时的著名才女，身边不乏大批的追求者，在梁思成赴美留学之前，林徽因和徐志摩的交往就非常亲密，但是梁思成却泰然处之。

1931年，徐志摩发生了坠机事件，梁思成主动赶往现场，替徐志摩料理后事，体现出了一个男人的大度与宽容。

1932年，徐志摩去世之后，梁思成和林徽因搬到了总布胡同，金岳霖是他们家后院的邻居。有一天，林徽因找到了梁思成和他说，她同时爱上了两个男人，这明显不像是商量的语气，而是像妹妹向哥哥询问的语气。梁思成想了一晚上，最后，梁思成觉得，自己缺少金岳霖那样的哲学家头脑，自己不如金岳霖。

第二天早上，梁思成和林徽因说，她是自由的。林徽因接下来就找到了金岳霖，把梁思成的话转告给了他，金岳霖说："梁思成能说出这样的话，证明他是真心爱你的，他不希望你受到任何委屈，所以，他才会给你自由，我不想伤害一个真心爱你的男人，我退出！"

最后，三个人成了好朋友，梁思成从来没有因为妒忌而失去包容之心，他对林徽因的爱不仅伟大，而且深沉。金岳霖自此之后终生未娶，等到他80多岁去世，为他送终的是梁思成和林徽因的儿子。

宽容是一种生活的艺术、人生的智慧，是洞明世间万象以后所获得的那份从容、自信和超然。只有宽容地对待他人和体谅他人，我们才可以获得一个放松、自在的人生。一个宽容的人，到处可以契机应缘，微笑对待人生。

宽容是爱心的表现，也是极高思想境界的升华。表面上看，它只是一种放弃报复的决定，这种观点似乎有些消极，但真正的宽恕却是一种需要巨大精神力量支持的积极行为。

有两个男孩子，从小学到高中不仅在一个学校里，而且在同一个班里。俩人情同手足，终日相处形影不离。他俩都是独生子，很得家长的喜爱。

一个星期天的清晨，他俩相约到海边游泳。夏日的海滨，细细白沙柔软而蓬松，蓝蓝的海水不断地轻轻亲吻着他们的脚背，吸引他们恨不得一下子投向大海的怀抱中。这对年轻好胜的小伙子互相比赛着向深处游去。突然，风云骤变，阳光隐没在厚厚的云层里，那碧绿的海水顿时变得混沌黯黑。不一会儿，暴风雨便如同瀑布似的铺天盖地倾泻下来，狂怒的海水发出呼呼巨响。这两个小伙子在滔天的白浪中与危险苦苦地搏斗着，他们刚刚游在一起，就被一层巨浪分开了。他们高声喊叫着，竭力保持联系，同时，拼命往岸上游去。风越来越大，浪越来越高，海浪时而像无数隆起的小山，把他们抛向高空，时而又如凹下去的峡谷。使他们掉进无底的深渊。一个小伙子高声叫着同伴的名字，却怎么也不见回音。他心急如焚，拼命向同伴那里游去。人不见了！他不顾一切地喊叫着，寻找着，直到凶猛的巨浪把他打昏。

当他醒来时，发现自己躺在医院的病床上，他得到的第一个消息就是好友不幸溺水身亡。后来，他伤愈出院了，但他心中的忧患却日渐加剧。而他主动找好友去游泳的，是他没把好友抢救出来。他失魂落魄地终日在海边徘徊，向着一望无垠的大海轻轻呼唤着好友的名字，但是只有阵阵涛声作答。

他来到好友家里，请求伯母的宽恕。那失去独子的母亲悲痛欲绝，终目以泪洗面，无暇顾及他。他每次都怀着一颗负疚的心情悻悻而去。

这种痛苦的心绪一直伴随着他离开校门，走上社会；为亡友而产生的伤感也注满了他的心房，甚至在蜜月中也不时地影响到新婚的热烈气氛，这使新娘惊诧不解、思绪万千。她看到丈夫总爱在海边定睛伫立、神不守舍，便生气道：“你总来海边，那你就去跟大海一起过日子吧！”一气之下，便离家而去，妻子的离去，使他陷进了更大的苦恼之中。

一天，有人轻轻地敲他的房门。一位妇人进来，轻吻了他的额头，亲切地说："孩子，还认得我吗？"他抬头一看，来的正是他亡友的母亲。"伯母，想不到是您来了！"他惊喜地扑上去。妇人亲切地抚摸着他的头发说："我的孩子，过去的事情就让它去过吧！我曾经对你也不够冷静，请你多多原谅！"说着，两行晶莹的泪水无声地流淌在她那苍白的面颊上。"伯母！我的好妈妈！"他再也忍不住了，痛悔和欢喜的泪水尽情地涌出。然而，这已不再是难过的泪水，而是互相谅解的热泪。她冷静了一下，说："我今天来，是想对你说，我从你身上看到我的孩子还活着。你为他倾注了自己的哀思，我从你的情感中感受到人性的欢乐。

让我们互相谅解吧，让我们如同一家人那样互相体恤吧。我从你妻子那里了解了你的感情，我觉得你是可敬的。但是，我与你、她与你之间还缺乏谅解的精神；现在，我把她找来了，愿你们永远相互体谅，互敬互爱，白头偕老吧！"

从此，他心头的忧虑消除了，小夫妻俩和好如初，相亲相爱，他们还把亡友之母接来同住。

生活中，我们何必为曾经的伤害耿耿于怀呢？学会宽容别人，也是善待自己的一种方式。学会及早地忘却，及早地原谅，及早地享受生活，生命里美丽的日子不是会多些吗？假如我们每个人都能以宽容、达观和敦厚的心，去生活处世，那便会拥有宽广的心理生活空间，任自己遨游，就会生活得很自在。

高情商的人都有很强的亲和力

在生活中，一个人的情商和亲和力是密不可分的，高情商者必定拥有非凡的亲和力。这就像我们初见到一个人时，通常感到他身上有一种独特的力量，迫使我们无法不去喜欢他。这神秘的力量就是亲和力，我们就是在亲和力的感染下走近他的。

亲和力是人际关系能力的综合体现。它一方面表现为主动控制人际交往，另一方面表现为被其他人所认可。有亲和力的人身上散发出一种独特的力量，迫使我们不得不去喜欢他。那神秘的力量便是亲和力，我们就是被这种力量给影响了。

帕尔梅首相在瑞典是十分受人尊敬、有亲和力的领导人。他虽贵为政府首相，但仍住在平民公寓里，生活简朴、平易近人，与平民百姓毫无二致。帕尔梅的信条是：“我是人民的一员。”

帕尔梅从家到首相府，每天都坚持步行，在这一刻钟左右的时间里，他不时同路上的行人打招呼，有时甚至与同路人闲聊几句。帕尔梅一家经常到法罗岛去度假，和那里的居民建立了密切的联系，那里的人都将他看作朋友。

帕尔梅喜欢独自微服私访，去学校、商店、厂矿等地，找学生、店员、工人谈话，了解情况，听取意见。他从没有首相的架子，谈吐文雅、态度诚恳，也从不搞前呼后拥的威严场面。

帕尔梅同许多普通人通过信件建立了友谊。他在位时平均每年收到15万多封来信；其中三分之一来自国外，为此他专门雇用了4名工作人员及时拆阅、处理和答复，做到来者皆阅，来者均复。对于助手起草的回信，他要亲自过目，然后才能签发。这一切都使他的形象在人民心目中日益高大。在瑞典人民的心目中，帕尔梅是首相，又是平民；是领导人，又是兄弟、朋友，他是人们心目中的偶像。

亲和力是获得事业发展必不可少的重要条件，是建立友谊、发展友谊的坚强动力。在人际交往中，“亲和力”具有很好的人际吸引力。让人感到亲切，会缩短你与别人之间的心理距离。如果你是一个让人感到亲切的人，交谈时，别人情感的大门会主动向你敞开；劝说时，别人心中的疙瘩会自动解开；求助时，别人热情的双手会真诚向你伸出……可以说，使人感到你很亲切，更富有人缘魅力。

亲和力是亲切、友善、易于被别人接受的一种力量，就如同美好的事物令人无法拒绝一样，它让与你交往的人感觉到快乐。只要亲和力动机纯正，就会赢得许多朋友，就会在人生的道路上一帆风顺。

艾薇儿是一位来纽约、经验丰富的女商人。她有着时髦的行头，讲究品位。艾薇儿因为想放慢生活节奏，得到更多的归属感，而搬到西南部的一个小城镇。

尽管她喜欢这个城市和那里的居民，但是她感到她不受欢迎。最终，她的同事给她指出，她的穿着和交谈方式让当地人觉得她在装腔作势，高人一等。

从那以后，艾薇儿特意穿得很随意，与人谈论当地的事情，多参加社交活动，试着让自己更加容易接近。虽然一开始她很不舒服，不习惯穿卡其布，不习惯谈论经营牧场。但是她发现，她与新邻居和同事更加容易交流了。

良好的亲和力可以拉近人与人之间的心理距离，令你收获意想不到的收获和机会。亲和力强的人具有与人为善的心态。他不把人假定成丑恶的、讨厌的、难缠的，他假定人是善良的、有趣的、讲理的。这样，在与人交往时，他就会采取一种主动、友善、接近的态度，在他的感染下，对方也会采取相同的态度，双方的交往就会感到愉快和轻松。

人们都愿意和亲和力强的人交往。如果某个人在与人交往中表现出傲慢、冷漠、拒人于千里之外，那么会使别人感到不快、别扭、受到侮辱，因而不愿意和他交往；如果某个人在和他人交往时表现出害羞、胆怯、缩手缩脚，那么，别人和他打交道时也会觉得不那么舒畅，虽然不会引起别人的厌恶，但也影响人际交往的质量，无法达到心灵的共鸣。如果一个人有很强的亲和力，与人交往时不但能够容易沟通，顺利地实现双方的愿望，而且会使双方感到愉快。

施展亲和力是获取交际对象好感、取得交际实效最轻巧的方法，那么在交际中怎样施展亲和力呢?

1.装扮大方，以显示淡雅清新的气质，给人以舒适感。

2.学会微笑，努力使笑容真实自然。

3.有意识地放慢说话速度，以让自己的表达清晰有逻辑，但也不要慢条斯理，让人感觉到没有激情。

4.多培养自己的兴趣爱好，要不断培养自己的信心，不断地与人沟通。

5.尊重别人。不会尊重别人的人，往往得不到别人的尊重。尊重他人，首先要理解他人。一个能深入理解他人的人，其人际亲和力自然就增强了。

幽默的人走到哪里都受欢迎

情商高的人大都知道幽默的力量，并且会自觉地将幽默的力量发挥到极致。一句幽默的话，不仅能够缓解原本紧张的气氛，还很好地体现了一个人的智慧和修养。生活中懂得适度幽默能让建立良好的人际关系，试问谁不希望自己的朋友总是能让自己轻松一笑呢？

幽默是人际交往中的吸铁石，可以将周围的人吸引到你身边来。幽默也是转换器，可以将痛苦转化为欢乐，将烦闷转化为欢畅。每个人都喜欢与机智幽默的人做朋友，而不愿与忧郁沉闷、呆板、木讷的人交往。

作家纪伯伦曾说过：“大智慧是一种大涵养，有涵养的人才善于学习。我们从健谈的人身上学到了幽默。”幽默的谈吐，是社交场合必备的智慧，幽默风趣的人往往更受人欢迎。

几个朋友交谈，急性子的甲总是打断乙的话，使乙无法完整地表达出意思。这时乙站起来说：“对不起，说话要排队，请不要中间插队好吗？”

这句话把大家的注意力都吸引到乙身上来了，甲发现乙抢了他的风头急中生智，也来了一句："请不要扳道岔！我现在重播一遍自己的观点。"

这时甲便也运用幽默的力量表现了自己，扳回了一局。可是乙又接着说："那好，我也把自己加了着重点符号的意见再说一下。"

在这样的层层幽默的推进下，不仅在场的每一个人都受到了感染，甲乙二人也在互动的幽默中展现了自我的非凡魅力。

幽默是一种融合了智慧与快乐的力量，它使人增加感染力，宛若仙子头上的光环，彰显出人性的亮丽。

这世上还有什么比欢笑更能感染人的呢？只要你掌握了给人带来快乐的方法，你也就更容易获得人们的接受和肯定，成为一个社交场上有影响力的人。"百万富翁的创造者"拿破仑·希尔曾经说过："如果你是个幽默的人，那么你就会轻而易举地去影响你周围的人，让他们永远喜欢你；如果你是个悲愤的人，即使你身边充满了欢乐的海洋，你也会看不到的。"

有人说，当你同别人一起笑的时候，感情也就和他人之间得到了交流。很多人之所以招人喜欢，让人愿意与其交往，不仅因为他是个极有才华的人，更主要的原因是他的幽默能够活跃气氛，给人留下深刻的印象和美好的回忆，使得彼此之间第一次交往就变成朋友之间友好的聚会。

与人交流的时候，多用一些幽默的语言，不仅可以消除人与人之间的疏离感，还能达到人我交融的美好境界。许多政治家、教育家、艺术家、谈判家都知道，如果把幽默的神奇力量注入潜意识之中，就可以使自己更容易让人亲近，更富有人情味。

作家马克·吐温就是一个机智幽默的人。有一次他去某小城，临行前别人告诉他，那里的蚊子特别厉害。到了那个小城，正当他在旅店登记房间时，一只蚊子正好在马克·吐温眼前盘旋，这使得职员不胜尴尬。马克·温却满不在乎地对职员说："贵地蚊子比传说不知聪明多少倍，它竟会预先看好我的房间号码，以便夜晚光顾、饱餐一顿。"大家听了不禁哈哈大笑。结果，这一夜马克·吐温睡得十分香甜。原来，旅馆全体职员一齐出动，驱赶蚊子，不让这位博得众人喜爱的作家被"聪明的蚊子"叮咬。幽默，不仅使马克·吐温拥有一群诚挚的朋友，而且也因此得到陌生人的"特别关照"。

幽默是最高的情商，它体现出了一个人的修养。幽默的人会给人一种如沐春风的感觉，而正是这种感觉会让别人发现你的人格魅力。幽默会形成吸引力的磁场，会让别人对你产生认同感，而这种认同感会让你在不知不觉间积累到越来越丰富的人脉。

幽默存在于生活的方方面面，我们不得不承认，一个善于运用幽默的人是魅力十足的。一位心理学家告诉我们："如果你能使一个人对你有好感，那么，你也就可能使周围的每一个人，甚至是全世界的人，都对你有好感。只要你不是到处和人握手，而是以你的友善、机智、风趣去传播关于你的信息，那么空间距离就会消失。"

幽默的特点就是令人发笑，使人感觉快乐、欣悦和愉快，把这一特点运用到社会生活中，就会得到意想不到的效果。

有一位教师，虽然只有40多岁，但头发大多掉光了，露出了一片"不毛之地"。他第一次给学生上课时，刚走进教室就听到一声"嗬，好亮"的叫声。等到他登上讲台，一个学生又低声哼起了"照到哪里哪里亮"的曲调，引得全班同学哄堂大笑。这位老师走到那个学生旁边，问道："你叫什么名字？"那个学生红着脸站了起来。此时全班默无声息，都觉得这位老师肯定要大发雷霆了。但这位老师轻轻地拍拍学生的肩膀，平静地对他说："请坐下吧，课堂上随便唱歌可不好呀！"说完，这位老师又接着拍了拍自己的头，爽朗地笑了起来，说："不过，这儿的确是太显眼、太引人注目了。你们都听说过'热闹的马路不长草，聪明的脑袋不长毛'这句话吧！"两句话就把全班同学逗得哈哈大笑起来。接着，他干脆在课堂上向同学们讲明了因病脱发的原因。最后，他还加了一句："头发掉光了也有好处，至少以后我上课时教室里的光线可以明亮多了。”他的话一说完，同学们又是一阵大笑，老师也开怀大笑。在笑声中，同学们感受到了这位老师的善良可亲和幽默豁达。从此，这位老师上课的效果也格外好。

幽默是人际交往的法宝，是交流会谈中的调味品，是沟通情感距离的纽带，是沟通心灵的桥梁。风趣幽默的口才是一种艺术，它往往能使你产生“四两拨千斤”、一言九鼎的威慑力。

幽默大师卓别林曾经说过：“幽默是智慧的最高表现，具有幽默感的人最富有个人魅力，他不仅能与别人愉快相处，更重要的是拥有一个快乐的人生。”的确，幽默是沟通最好的清凉剂，培养幽默感有助于彼此的沟通。在通常情况下，真正精于沟通艺术的人，其实就是那些既善于引导话题，同时又善于使无意义的谈话转变得风趣幽默者。这种人在社交场上往往如鱼得水、左右逢源，可算是人际沟通中的幽默大师。

富有幽默感的人总是让人印象深刻并受到欢迎的。他能使枯燥的会议气氛变得活跃，朋友间的聚会更加红火热闹；让严肃的上司，松弛了板着的面孔；让拘谨的下属，缓和了紧张的心情。与他相处，不管是初次见面，还是久别重逢，都让人感到轻松愉快。这样的人，怎么能不招人喜爱呢？

所以，学着适当地掌握一些幽默的技巧，给生活增添一道幽默和诙谐的色彩吧。如果能够在初次见面时，就用你的巧语妙言逗得对方开怀一笑，那么，之后的人际交往将会更加愉快！

多说“我们”，拉近与他人的距离

在人际交往中，也许你会发现，那些情商高的人，一般很少直接跟你说“我怎么着怎么着”，都是说“我们怎么怎么样”。这样虽然有拉关系、套近乎的嫌疑，但是，这招很有效，简直可以称得上是人际交往的“助推剂”。

亨利·福特二世描述令人厌烦的行为时说：“一个满嘴‘我’的人，一个独占‘我’字，随时随地说‘我’的人，是一个不受欢迎的人。”的确如此。在人际交往中，“我”字讲得太多并过分强调，会给人突出自我、标榜自我的印象，这会在对方与你之间筑起一道防线，形成障碍，影响别人对你的认同。而“我们”这个词却可以制造彼此间的共同意识，拉近双方的距离，对促进人际关系将会有很大的帮助。

曾经有过一位心理学家，做了一项有名的实验，就是选编了三个小团体，并且分派三人饰演专制型、放任型、民主型的三位领导人，然后对这三个团体进行意识调查。

结果，民主型领导人所带领的这个团体，表现了最强烈的同伴意识。而其中最有趣的，就是这个团体中的成员大都使用“我们”一词来说话。

经常听演讲的人，大概都有过这样的经验，就是演讲者说“我们是否应该这样”比“我这么想”更能使拉近与听众的距离。因为“我们”这个字眼，也就是要表现“你也参与其中”的意思，所以会令对方心中产生一种参与意识，按照心理学的说法，这种情形是“卷入效果”。

“我”和“我们”从字面来看只有一字之差，但在沟通过程中所达到的效果却截然不同，这主要在于听者的感受。“我们”表明说话的人很关注对方，站在双方共有的立场上看问题，把焦点放在对方，而不是时时以自我为中心。

有个工厂的厂长，在上级领导人来工厂检查工作开座谈会的时候，他认认真真地汇报了工厂的宏伟规划和目前存在的困难。他说：“我今年的产值一定要超过X万元，我的利润‘定要达到X万元……但我的困难很多…我……我……我……”汇报时还有他的副手、中层骨干和工人在场。

汇报以后，上级领导人征求人家的意见，没有一个人作声。等了好大一会儿，一个工人没头没脑说了两句这样的话：“我们没意见。领导怎么说我们就怎么干。”这使所有在场的人都感到十分尴尬。

这个工人之所以对厂长使用“领导”这个多年没有听到过的、刺耳的称呼，是因为厂长把工厂、大伙、集体都称为“我的”“我”。对厂长这个常挂在嘴边的别扭的“我”字，工人们早已很反感。

人际沟通中，如果一个人总是提到“我如何如何”，那么必然会引起他人的反感。如果改变一下，把“我”改为“我们”，就可以巧妙拉近双方距离，使对方更容易接受你和你的话。经常使用“大家”“我们”等这类字眼，会使人感觉到大家均是同路人，是生命共同体。因此善用“我们”来制造彼此间的共同意识，对促进人际关系将会有很大的帮助。

事实上，一个善于沟通的人，在语言传播中，总会避开“我”字，而用“我们”开头。试着这样去做，不久你就会领略“我们”这个词的奇特魅力了。

第六章

自我管理：高情商让人成为更好的自己

自控力有多强，成就就有多大

古希腊哲学家泰勒斯指出：“做什么事情最容易，向别人提意见最容易；做什么事情最难，管理好自己最难。”要管好自己，我们首先需要有强大的自控力。

什么是自控？用马克·吐温的一句话来解释就是：“关键在于每天去做一点自己心里并不愿意做的事情，这样，你便不会为那些真正需要你完成的义务而感到痛苦，这就是养成自觉习惯的黄金定律。”简单来说，也就是是一个人为执行某种目的或任务而控制自己的情绪、约束自己言行的能力。

自控力是一个人自觉地调节和控制自己行动的能力，是人类最实用的技能之一，人类依靠它来抵抗诱惑。关于自控力，一位美国心理学家说过一段发人深省的话：“一个有意于修炼自己并提升意志力的人，将会获得无比巨大的力量。这种力量不仅能完全控制一个人的精神世界，而且能使人的心理达到前所未有的高度。此时，一个人以前从未想过能拥有的智慧、天赋或能力都会变成现实。所以那些一直以来不为人们所发现的东西，其实就存在于人的自身，而自控力就是那把能够开启人的观察力和征服力的钥匙。”

情商高的人认为，要想认识自我、超越自我、战胜自我，就应该有自我控制能力。它是一种可贵的意志品质，是一个人在事业上取得成就的重要条件。

2000年小布什击败戈尔当选为美国总统。但你可想到，就是这样堂堂的美国总统，年轻时候却放荡不羁、缺乏自制力。

学生时代的布什，学习成绩一般，但对于吃喝玩乐他却样样在行。平时他除了与他那帮“狐朋狗友”四处游荡之外，无所事事。他最大的喜好便是开着自己那辆哈雷·戴维斯摩托车，带着时髦的女孩，在大街上飙车。除此之外，每天晚上，他总是泡在各色舞厅里，不到深夜不会回家，而且每次都是醉醺醺的。

老布什看儿子如此不济，多次谆谆教导，但是，小布什总把父亲的话当作耳旁风，依然故我。

直到有一天，一个很特别的姑娘出现在他面前，她的美丽和纯洁一下打动了“花花公子”小布什。在这位姑娘的影响之下，小布什警醒了，他慢慢克制住自己的放浪行为，奋发努力，投入政界。经过一番奋斗，他终于成就了自己的辉煌，登上了总统宝座。

自控力是情商理论中的一种自我管理能力，对人的一生有着重要影响。但丁曾经说过“测量一个人的力量的大小，应看他的自制力如何。”生活中，人们会碰到许多诱惑，自控力弱的人往往不知不觉陷入其中；而自控力强的人能控制自己做出有利于自己和符合社会需要的行动。古今中外成大事者，无不拥有自控的品格。

有这样一项研究：

研究者请来一些三四岁的小孩子，每人分一份棉花糖，而且马上就可以吃。但告诉他们，如果先暂时不吃，等研究者出去办完事回来以后再吃，就可以得到双份的棉花糖。研究者说完后便离开了房间。有些孩子看他一走，便急不可待地把糖拿起来就吃掉了，另一些孩子开始没吃，可是等了几分钟，实在忍不住了，便把糖拿起来吃掉了。剩下的孩子决心等到研究者回来，终于吃到了双份。然后，研究者便对他们开始跟踪。结果表明，那些有耐心等待的孩子长大以后，都比较能适应环境、讨人喜欢，比较敢于冒险、自信、坚强、可靠、自制力比较强，而且能抵抗短暂的诱惑，延迟欲望的满足，不但在学习上表现优异，而且社会适应能力也强，大部分人都获得了成功。相反，那些只想满足眼前欲望的孩子，他们没有办法克制自己，长大以后，在各方面的成就都比较低。

这项研究的结果告诉我们，自控力强的人善于克制自己的欲望，善于律己，更容易取得事业的成功。德国诗人歌德说："谁若游戏人生，他就一事无成，不能主宰自己，永远是一个奴隶。"一个人要主宰自己，就必须对自己有所约束、有所克制。因为"毫无节制的活动，无论属于什么性质，最后必将一败涂地。"无论做任何事情，自控都至关重要。自我节制、自我约束是一种控制能力，尤其能控制人们的性格和欲望，一旦失控，随心所欲，结局必将一败涂地，不可收拾。

对于自控力的重要性，情商高的人都有所感受，知道自控力会影响到一个人的心智水平、人际关系和事业成败，也知道自己应该控制生活的方方面面。自控力强的人，能够冷静地对待周围发生的事件，有意识地控制自己的思想感情，约束自己的行为，成为驾驭现实的主人。

曾有一位不速之客突然闯入美国石油大王洛克菲勒的办公室，直奔他的写字台，并以拳头猛击台面，大发雷霆："洛克菲勒，我恨你！我有绝对的理由恨你！"接着那暴客恣意谩骂他达10分钟之久。办公室所有的职员都感到无比气愤，以为洛克菲勒一定会拾起墨水瓶向他掷去，或是吩咐保安员将他赶出去。然而出乎意料的是，洛克菲勒并没有这么做。他停下手中的活，用和善的神气注视着这位攻击者，对方愈暴躁，他就显得越和善！

洛克菲勒先生是懂得自制，不会用浅薄的报复来对待别人的人。那无礼之徒被弄得莫名其妙，渐渐地平息下来。因为一个人发怒时，遭不到反击，他是坚持不了多久的。于是，他咽了一口气。他是故意来此与洛克菲勒作对的，并想好了洛克菲勒将要怎样回击他，他再用想好的话语去反驳。但是，洛克菲勒就是不开口，所以他不知如何是好了。末了，他又在洛克菲勒的桌子上敲了几下，仍然得不到回响，只得索然无味地离去，洛克菲勒呢，就像根本没发生任何事一样，重新拿起笔，继续他的工作。

自控力强的人能够控制、支配自己的行动，并能自觉地调节自己的行为。高尔基曾经说过："哪怕是对自己的一点儿的克制，也会使人变得强而有力。"要主宰自己并主宰自己的命运，必须对自己有所约束、有所克制。如果缺乏自控力，就像是汽车缺少了方向盘和刹车，很难避免犯规、闯祸，甚至发生撞车、翻车等意外。想要避免意外的发生，最基本的做法当然就是培养自控力。

自控力是一个成功者的基本素质。没有自控力的人，是无法取得成功的，因为自控力是取得成功的基石，不管是对普通人还是对王公贵族都是一样，没有了自自控力，也就不能控制自己的言行，也就谈不上成功了。总之，一个人只有学会控制自己的情绪、欲望，才能凝聚正能量做内心强大的自己。

如果什么事都要求完美，那就是自寻烦恼

季羡林先生说：“人生在世，每一个人都想争取一个完美的人生。然而，从古至今，百分之百完美的人生是根本不存在的。”季羡林先生的话道出了人生的真谛，其实天地万物都是不完美的，人生也总是有缺憾的。当人们无论做什么事情都在苛求完美、时时计较那些不完美的事物时，往往只能让自己的心情变得越来越沉重，甚至郁郁寡欢。

有个叫伊凡的青年，读了契诃夫“要是已经活过来的那段人生，只是个草稿，有一次誊写，该有多好”这段话，十分神往，打了份报告递给上天，请求在他的身上做个试验。上天沉默了一会儿，看在契诃夫的名望和伊凡的执着份上，决定让伊凡在寻找伴侣一事上试一试。

到了适婚年龄，伊凡碰上了一位绝顶漂亮的姑娘，姑娘也倾心于他，伊凡感到非常理想，他们很快结成夫妻。

不久伊凡发觉姑娘虽然漂亮，可她一说话就“豁边”，一做事就“翻船”，两人心灵无法沟通，他把这一次婚姻作为草稿抹了。

伊凡第二次的婚姻对象，除了绝顶漂亮以外，又加上绝顶能干和绝顶聪明。可是也没多久，他发现这个女人脾气很坏，个性极强，聪明成了她讽刺伊凡的“利器”，能干成了她捉弄伊凡的手段，他不像她的丈夫，倒像她的牛马、她的工具。伊凡无法忍受这种折磨，他祈求上天，既然人生允许有草稿，请准予三稿。

上天笑了笑，也允了。

伊凡第三次成婚时，他妻子的优点，又加上了脾气特好一条，婚后两人和睦亲热，都很满意。半年下来，不料娇妻患上重病，卧床不起，一张病态黄脸很快抹去了年轻和漂亮，能干如水中之月，聪明也一无是处，只剩下了毫无魅力可言的好脾气。

从道义角度看，伊凡应与她厮守终生；但从生活角度看，无疑是相当不幸的。人生只有一次，一次无比珍贵，他试探能否再给他一次“草稿”和“誊写”。上天面有愠色，但想到试点，最后还是宽容他再作修改。

伊凡经历了这几次折腾，个性已成熟，交际也老练，最后终于选到了一位年轻漂亮能干温顺健康要怎么就怎么好的“天使”女郎。他满意透了，正想向上天报告成功，向契诃夫称道睿智，不想“天使”竟要变卦：她了解了伊凡是一个朝三暮四、贪得无厌、连病中人也不体恤的浪荡男人，提出要解除婚约。

上天很为难，但为了确保伊凡的试点，未允。

“天使”说，我们许多人被伊凡作了草稿，如果试验是为了推广，难道我们就不能有一次草稿和誊写的机会？满腹狐疑的伊凡，正在人生路上踟蹰，忽见前方新竖一杆路标，是契诃夫二世写的：“完美是种理想，允许你修改10次也不会没有遗憾！”

追求绝对的完美，会让我们在做事的时候产生更多的遗憾，反而会偏离做事的本意。其实，在做一件事情的时候，只要方向是正确的，就没有必要过分计较表面上的瑕疵和缺憾。而且，绝对完美的事情实际上是不存在的。

追求完美既是一种正常的渴望，也是一种悲哀，因为现实生活根本没有完美的东西，如果一味地追求完美，那么最终会作茧自缚。人生旅途中，永远不要背负着“完美”的包袱上路，否则你将永远陷入无法自拔的矛盾之中，最后也只能在苦恼中老去。

心理学研究证明，试图达到完美境界的人与他们可能获得成功的机会，恰恰成反比。追求完美给人带来莫大的焦虑、沮丧和压抑。事情刚开始，他们在担心着失败，生怕干得不够漂亮而辗转不安，这就妨碍了他们全力以赴去取得成功。而一旦遭到失败，他们就会异常灰心，想尽快从失败的境遇中逃避开去。他们没有从失败中获取任何教训，而只是想方设法让自己避免尴尬的场面。他们往往神经非常紧张，以至于连一般的工作都不能胜任；不愿冒险，生怕任何微小的瑕疵损害了自己的形象；对自己有诸多苛求，毫无生活乐趣。总是发现有些事未臻完满，于是精神总是得不到放松，无法休息。对别人也吹毛求疵，人际关系无法协调，得不到别人的合作与帮助。

背负着如此沉重的精神包袱，不用说在事业上谋求成功，而且在自尊心、家庭问题、人际关系等方面，也不可能取得满意的效果。他们抱着一种不正确和不合逻辑的态度对待生活和工作，他们永远无法让自己感到满足，每天都是焦灼不安的。所以说，追求完美只能使人处于不知所措的境地。

有一个公主与王子的故事。

国王有七个女儿，这七位美丽的公主是国王的骄傲。

她们那一头乌黑亮丽的长发远近皆知，所以国王送给她们每人一百个漂亮的发卡。

有一天早上，大公主醒来，一如往常地用发卡整理她的秀发，却发现少了一个发卡，于是她偷偷地到了二公主的房里，拿走了一个发卡。

二公主发现少了一个发卡，便到三公主房里拿走一个发卡；三公主发现少了一个发卡，也偷偷地拿走四公主的一个发卡；四公主如法炮制拿走了五公主的发卡；五公主一样拿走六公主的发卡；六公主只好拿走七公主的发卡。于是，七公主的发卡只剩下九十九个。

隔天，邻国英俊的王子忽然来到皇宫，他对国王说：“昨天我养的百灵鸟叼回了一个发卡，我想这一定是属于公主们的，而这也真是一种奇妙的缘分，不晓得是哪位公主掉了发卡？”公主们听到了这件事，都在心里想说：“是我掉的，是我掉的。”

可是头上明明完整的别着一百个发卡，所以都懊恼得很，却说不出。

只有七公主走出来说：“我掉了一个发卡。”

话才说完，一头漂亮的长发因为少了一个发卡，全部披散了下来，王子不由得看呆了。

故事的结局，想当然的是王子与公主从此一起过着幸福快乐的日子。

原来，幸福是不尽完美的，有些许缺憾也未免不是一种幸福。人不总是因为全部拥有而幸福，相反因缺失而美丽。

人生没有完美可言，完美只在理想中存在。我们可以接近完美，但永远也不可能达到完美。一味地追求完美，只能给人生留下太多的烦恼和遗憾。一位哲人在日记中写道：“如果再给我一次生命，我不会再追求事事的完美。只有自己确定了重点的人，才是一个能享受到生活快乐的人。因为快乐的人不是把一切都做得尽善尽美的人。”所以，我们只要心放宽一些，对自己不去苛求，对别人也不去苛求，生活就会少去许多的烦恼。

发现自己的亮点，祛除“自卑”的暗影

自卑是一种消极的自我评价或自我意识。一个自卑的人往往情商也比较低，他们总是过低评价自己的形象、能力和品质，总是拿自己的弱点和别人的强处比，觉得自己事事不如人，在人前自惭形秽，从而丧失自信，悲观失望，不思进取，甚至沉沦。

在日常生活中，有的人过于苛求自己，总觉得自己不如他人，由此而产生自卑的心理：有些人因为身体上有某些缺陷而产生自卑；有些人因为学习成绩不如同伴而自卑；有些人因为工作不如他人而自卑；甚至有人也会因自己的形体高矮、胖瘦不如意而自卑……

她站在台上，不时不规律地挥舞着她的双手；她仰着头，脖子伸得好长好长，与她尖尖的下巴扯成一条直线；她的嘴张着，眼睛眯成一条线，诡谲地看着台下的学生；偶然她口中也会咕咕哝哝的，不知在说些什么。基本上她是一个

不会说话的人，但是，她的听力很好，只要对方猜中，或说出她的意见，她就会乐得大叫一声，伸出右手，用两个指头指着你；或者拍着手，歪歪斜斜地向你走来，送给你一张用她的画制作的明信片。

她就是黄美廉，一位自小就患脑性麻痹的病人。脑性麻痹夺去了她肢体的平衡感，也夺走了她发声讲话的能力。她从小就活在诸多肢体不便及众多异样的眼光中，她的成长充满了血泪。但黄美廉并没因此而自卑，相反她凭借顽强的意志和毅力，考上了美国著名的加州大学，并获得了艺术博士学位。她靠手中的画笔，还有很好的听力，来抒发自己的情感。

在一次讲演会上，一个不懂世故的中学生竟然这样提问：“黄博士，你从小就长成这个样子，请问你怎么看你自己？”在场的人都在责怪这个学生不敬，但黄美廉却十分坦然地在黑板上写下了这么几行字：“一、我好可爱；二、我的腿很长很美；三、爸爸妈妈那么爱我；四、我会画画，我会写稿；五、我有一只可爱的猫；六……”最后，她再以一句话作结：“我只看我所有的，不看我所没有的！”

不愧是黄博士！她以自己的实践，道出了走好人生路的真谛：人不可自卑，要接受和肯定自己。

俗话说，人无完人，金无足赤。人们不应因为在生理上有某些缺陷或在工作和学习上一时不如他人而产生自卑的心理。其实，自卑只是自己和自己过不去。为什么老要和自己过不去呢？你不觉得自己身上也有许多可爱的地方、令人骄傲的地方吗？也许你不漂亮，但是你很聪明；也许你不够聪明，但是你很善良。人有一万个理由自卑，也有一万个理由自信！丑小鸭变成白天鹅的秘密，就在于它勇敢地挺起了胸膛，骄傲地扇动了翅膀。

著名奥地利心理学家阿德勒认为："人类都有自卑感，以及对自卑感的克服与超越。小的时候，看到别人长大而自卑；长大后，发现别人比自己有钱自卑；有钱的时候，看到别人比自己更年轻力壮也自卑。这样看来，自卑其实是不可怕的。从某种程度上讲，自卑也是推动一个人不断自我完善的动力。但是，如果你已经认识到自己的自卑，而不愿意去进行自我突破的话，那么自卑对你来讲就是非常有害的。"其实，世界上最糟糕的事就是对自己没有信心把自己看成一个可怜的人，那么一旦实施可怜给自己，那就真的很可怜了。

爱尔默·托马斯曾任美国国会参议员，他小的时候是一个很自卑的孩子。比起同年龄的少年，他不但长得太高了，而且瘦得像一支竹竿。他除了身体比别人高之外，在棒球比赛或赛跑各方面都不如人。同学们常取笑他，封他一个"马脸"的外号。但是托马斯的自我意识极重，不喜欢见任何人，又因为住在农庄里，离公路很远，也碰不到几个陌生人。所以平常只见到他的父母及兄弟姐妹。

托马斯说："如果我任凭自卑占据我的心灵，我恐怕一辈子也无法翻身。一天24小时，我随时为自己的身材自怜。别的什么事也不能想。我的尴尬与惧怕实在难以用文字形容。我的母亲了解我的感受，她曾当过学校教师，因此告诉我：'儿子，你得去接受教育，既然你的体能状况如此，你只有靠智力谋生。'"

但是，不久以后发生的几件事帮助托马斯克服了自卑感。其中有一件事带给了他勇气、希望与自信，改变了他今后的人生。这些事件的经过如下：

第一件：入学后八周，托马斯通过了一项考试，得到一份三级证书，可以到乡下的公立学校授课。虽然证书的有效期只有半年，但这是他有生以来，除了他母亲以外，第一次证明别人对他有信心。

第二件：一个乡下学校以月薪40美元的工资聘请他去教书，这更证明了别人对他的信心。

第三件：领到第一张支票后，他就到服装店，买了一套合身的服装。

第四件：这是他生命中的转折点，战胜尴尬与自卑的最大胜利，发生在一年一度举行的集会上，他母亲敦促他参加集会上的演讲比赛。当时对他来说，那当然是天方夜谭。他连单独跟一个人说话的勇气都没有，更何况是面对很多人。

但是在他的母亲的坚持下，他还是报名了，并且为这次演讲做了精心的准备。为了把演说内容记熟，他对着树木与牛群演练了上百遍。结果大出他本人的预料，他得了第二名，并且赢得了一年的师范学院奖学金。

后来托马斯在回忆自己的人生历程中，还不止一次说过："这四件事成为我一生的转折点。"

自卑是自己为自己设置的障碍，只有建立自信，跨越这道门槛，自卑者才能集中精力和斗志去从事自己的事业，开始一种新的生活。所以我们一定要征服畏惧，战胜自卑。建立自信最快、最有效的方法，就是去做自己害怕的事，直到获得成功。

只有踏踏实实地去做每一件事，你才会对自己能否做好每一件事充满信心。在满意的目光中，你会忘掉自己的不足，你会随时随地充满自信，你就不会再自卑。

只有控制自卑心理，你才会敢于进取，成为一个有主动创造精神的人，才能开拓事业；你才会有积极的人生态度，才会活得开朗、开心；你才会勇于承担责任，成为一个有责任心的人。

高情商者敢于面对过失，勇于承担责任

古人说：“知错能改，善莫大焉”。在现实生活工作中，人不可避免地要犯错误。可是对一些人来说，承认错误却是件非常不容易的事情。他们总是用各种方式去掩饰自己的错误，给自己找托词，或者在掩盖不住自己的错误、实在没有办法的时候才被迫承认错误，这些都是非常可悲、毫无意义、还会让人看扁的行为。

任何人都可能会犯错，是否能够正视错误、改正错误，是衡量一个人情商高低的重要标准。有了错误，及时纠错，能够将错误所带来的损失降低到最低限度。反之，一味地掩饰和执拗，越抹越黑，越走越错，结果只能是失败。

吴丽丽是一家杂志社的编辑，2015年下半年，在出版一期杂志时，由于需要临时撤换稿件，时间非常紧张，吴丽丽一时疏忽，造成了一个重大差错：一篇重要文章的标题与文章内容严重不符。

杂志印出来的第一天，一向严谨而且威严的主编立即召集编辑部全体人员开会。会议上主编大发雷霆，尤其对编

辑部主任韩立的批评最为严重。批评之后，主编当众宣布扣发韩立3个月的奖金，其他有关编辑扣发1个月奖金。众目睽睽，韩立满脸通红，尴尬不已。

事实上，在杂志付印的前一天晚上，由于加班很晚，负责这篇文章的编辑因为有急事临时请假，让吴丽丽帮她编审稿件，凑巧的是又赶上了临时撤换稿子。晚上12点多，吴丽丽才把自己的工作完成了，忙乱中不管三七二十一，匆匆做了标题就送给主任了。这时候主任正忙，也没有修正，最终导致了这起严重的错误。

没有太多犹豫，还没等主编把话说完，吴丽丽就站起来了解释说：“主编，这篇稿子出现问题，责任全部在我，是我不够认真才导致严重错误的，和韩主任没有关系，我愿意承担全部责任！”正在气头上的主编吃惊地看了看吴丽丽，语气忽然缓和了很多，他说：“丽丽，以后一定要注意啊！”这时候，主任韩立非常惊讶地看着吴丽丽，嘴角动了几下，但没有说话。

会后，吴丽丽刚回到办公室，就有同事转告吴丽丽：韩主任让你去他办公室。吴丽丽走进主任办公室时，韩主任走过来，很亲切地说：“小吴，刚才你为我挺身而出，把责任替我揽起来，谢谢你啊，你刚毕业不久，薪水不多，扣除的奖金我替你交了吧，以后咱们都要注意啊……”

从此，每逢做重大选题，有重要的人物采访，外地的广告客户联谊活动等，主任几乎都带着吴丽丽一起出席。

面对犯错的最佳对策是诚恳地承认错误，勇敢地承担责任，并积极地寻求补救的办法。推卸责任或避而不谈，只能适得其反。如果你只是顾全面子，不敢承担责任的话，那最后吃亏的只能是你自己。所以，发现错误的时候，不要采取消极的逃避态度。而是应该想一想自己应怎样做才能最大程度地弥补过错。只要你能以正确的态度对待它，勇于承担责任，错误不仅不会成为你发展的障碍，反而会成为你向前的推动器，促使你不断地、更快地成长。

知错就改，敢于认错，才会赢得别人的尊重。美国田纳西银行前总经理特里指出：“承认错误是一个人最大的力量源泉，因为正视错误的人将得到错误以外的东西。”因此，情商高的人懂得，当自己出现错误时，不会找各种借口来推卸自己的过错，而是敢于承担责任，由此才能从错误中吸取教训，获得经验。

松下幸之助是一位勇于认错的领导者。有一次，一位员工因经验欠缺而使一笔货款难以收回。松下幸之助勃然大怒，在大会上狠狠地批评了这位员工。气消之后，他为自己的过激行为深感不安。因为那笔货款发放单上自己也签了字，该员工只是没把好审核关而已。既然自己也应负一定的责任，那么，就不应该这么严厉地批评该员工了。想通之后，他马上打电话给那位员工，诚恳地道歉。恰巧那天这位员工乔迁新居，松下幸之助便登门祝贺，还亲自为该员工搬家具，忙得满头大汗，令员工深受感动。然而，事情并未就此结束。一年后的这一天，这位员工又收到了松下幸之助的一张明信片，并在上面留下了一行亲笔字：让我们忘掉这可恶的一天吧，重新迎接新一天的到来。看了松下幸之助的亲笔信，该员工感动得热泪盈眶。从此以后，他再也未犯过错，对公司也忠心耿耿。松下幸之助向员工真诚认错成为整个日本企业界的一段佳话，确实难能可贵。

勇于认错是一个人必须具备的品德和修养。本杰明·狄斯拉里说："世上最难做的一件事，便是承认自己错了。要解决这种情况，除了坦白承认错误，没有更好的办法。"倘若你发现自己错了，不及时向别人道歉，甚至千方百计找借口为自己辩解，会让事情变得更糟。这时，你不仅得不到别人的谅解，相反，还会受到道德上的谴责和人格、形象上的损害，甚至激化你和别人之间的矛盾，让你成为众矢之的。

一个人犯了错误并不可怕，怕的是不承认错误，不弥补错误。松下幸之助说："偶尔犯了错误无可厚非，但从处理错误的态度上，我们可以看清楚一个人。"只有敢于承认自己错误的人才能获得别人的信赖。

小王是一家销售公司的部门主管，有一次，他在公司里获取到一个情报：公司的高层决定安排他们部门的人员到外地去处理一项难缠的业务。他知道这项事务非常棘手，要想处理妥善，并非那么容易的一件事，所以，提前一天告假。第二天，上面安排任务，恰好他不在，便直接把任务交代给了他的助手，让他的助手转达。当他的助手打他的手机，向他汇报这件事情时，他便在电话中给他的助手安排了工作，以自己有病为借口，让他顶替自己带一帮人去处理这项事务。处理事务的具体操作办法，他在电话中也教给了这位助手。

半个月后，事情办砸了，他怕公司高层追究这件事的责任，便以自己告假为由，言称自己不知道这件事情的具体情况，一切都是助手自作主张，带领人去而处理的。按他的想法，助手是总裁安排到自己身边的人，出了事，让他顶着，在公司高层面前有一个回旋的余地，假若让自己来承担责任，恐怕有被降职罚薪的情况发生。总裁听了助手的具体阐述，对这位经理的人品产生了怀疑，害怕他把这种手段当作惯伎，影响了公司的团结和业务发展，所以再也没有给过他一份富有挑战性的工作。

“人非圣贤，孰能无过”。每个人都不是完人，总有自己的缺点，也难免会犯一些错误。情商低的人在犯错误时，想办法隐瞒自己的错误，担心承认之后会很没面子。情商高的人觉得承认错误并不是什么丢脸的事情，从某种意义上来讲，还会得到别人的尊重。因为自己主动认错总比别人提出批评后还一再狡辩更容易得到别人的谅解。更何况一次错误并不会毁掉你在大家心目中的形象。对于那些总是不愿承担责任、不愿改正错误的人，在需要帮助的时候，大家也会敬而远之。

摆正自己，别总是以为自己很了不起

日常生活中，我们不难发现这样一些人，他们虽然才华横溢，思路敏捷，但一说话就令人感到狂妄，因此别人很难接受他的任何观点和建议。这种人多数情商比较低，爱表现自己，总想让别人知道自己很有能力，处处想显示自己的优越感，从而能获得他人的敬佩和认可，结果却是失掉了自己的威信。

李先生毕业于北京某名牌大学，有很强的工作能力，但就是情商有点低，争强好胜且易冲动。他毕业后像许多南下寻梦者一样南下“淘金”。

他被一大型合资企业相中，负责公司的宣传工作，当时他自己也这样考虑：应该好好干出一番事业来。刚进企业，写出来的文件颇受老总喜欢，老总多次当众夸奖他。但半年后，与他一起来的两个同事都升了，他的位置没有动，于是心里不免有了点不平衡，最后他与人事部经理当面冲撞起来。

按他的说法“我豁出去了，不成功，便走人。”冲撞之后，老总找他谈话，意味深长地说：“小李，请给我一个认识和了解你的机会。”老总准备再考察他一年半载，便提拔他为公司的公关部经理。年中薪资调整，他的工资翻了将近一番。这一变化带来的成功和喜悦没能维持多久，李先生又有了新的不平衡。因为与他一起进来的同事又有了新变化，要么升职要么跳槽，而他仍旧原地踏步。

他觉得耐心和等待没有结果，于是又变得任性孤傲。一次休息日公司通知他加班，他为了维护自己的“权益”而严词拒绝，给公司高层领导造成极坏的印象，老总终于没有耐心对他进行继续考验了。从此他被打入“冷宫”，自己觉得无趣，又主动辞职了。

纵使你才华横溢，也要一步步向上攀。如果你显露张狂的个性，企图一步登天，那么，你将摔得更加惨重。

俗话说：“鼓空声高，人狂话大。”一个人有了才能是好事，但如果因为自己的才能出众而狂妄自大就不是什么好事了。狂妄往往是与无知和失败联系在一起的，人一狂妄往往就会招人反感，自然也很难得到别人的认可。

从古至今，低情商的人很多，有的人自以为读了几本书，就自视才高八斗，学富五车，天下无敌；还有的人刚刚学了三脚猫功夫，就觉得自己武功很高，身怀绝技，到处称霸，很有一副天下无敌的气概。但是，狂妄自大的结果就是自取灭亡，是必败无疑。

有一句成语叫“虚怀若谷”，用这句话来形容情商高的人再恰当不过了。而狂妄自大的人除了自己之外，什么也容不下。

明朝万历年间，有位京官名叫马绍良，此人虽满腹经纶，但非常高傲自负。一天皇上叫他上殿赏诗，马绍良不知此诗是皇上所作，但见中间有两句是，“明月上杆叫，黄犬宿花心”。就不加思索地说：“此诗不通，明月怎能上杆叫，黄犬怎能宿在小小的花心里呢？”马绍良拿起皇上的朱砂笔，刷刷刷，将句诗改了二字，将原句变成“明月上杆照，黄犬宿花荫”。皇上看后微微一笑，遂将马绍良官降三级，贬到漳州任太守。马绍良觉得很晦气，只好带着家眷离京赴任。这天他走到福建南部一座山岭下，突见花心中有条黄绒绒，胖乎乎的小虫子，诧异问轿夫道：“这是什么虫子？”轿夫告诉他：“黄犬虫，他习惯钻花心”。到了傍晚马绍良一行住进一家客栈，阵阵传来鸟儿悦耳的鸣叫声。他便问店主：“这晚何鸟还再啼鸣？”店主回答道：“大人，这是月亮鸟，此鸟只有月上中天才开始叫，故叫月亮鸟”。马绍良听后恍然大悟。马绍良谨慎为官，熬到年逾古稀方才官复原职，他非常恨自己年轻时狂妄自大，影响仕途。

现实生活中，也不乏这样的人，他们眼里只有自己，狂妄自傲，不知道天外有天，人外有人，因此，被撞得“鼻青脸肿”就是件很正常的事情了。

凡是狂妄自大的人，大都情商比较低，他们过高地估计自己，过低地估计别人。他们口头上无所不能，评人论事谁也看不起，总是这个不行，那个也不行，只有自己最行。相反，那些情商高且真正有本事的人，即使取得了令人瞩目的成绩，也绝少有人因为自己具有足够资本而狂一狂的，相反，他们倒是非常自知而又非常谦虚的。

贝罗尼是19世纪的法国名画家。有一次，他到瑞士去度假，背着画架到日内瓦湖边写生。旁边来了三位英国女游客，看了他的画后，便在一旁指手画脚地批评起来：一个说这儿不好，一个说那儿不对。贝罗尼都一一修改过来，末了还跟她们说了声谢谢。第二天，贝罗尼又遇到了那三位妇女，她们正交头接耳不知在讨论些什么。过了一会儿，那三个妇女走过来问他：“先生，我们听说大画家贝罗尼正在这儿度假，所以特地来拜访他。请问你知不知道他现在在什么地方？”贝罗尼朝她们微微弯腰，回答说：“不敢当，我就是贝罗尼。”三位英国妇女大吃一惊，想起昨天的不礼貌，一个个红着脸跑掉了。

世界上只有虚怀若谷的求知者，没有狂妄自大的成功者，认为自己一无所知才能让自己不断进步，这就是贝罗尼以及所有人的成功之道。

人们常说“天不言自高，地不言自厚”。才识、学问愈高的人，在态度上反而愈谦卑，希望自己能精益求精，更上一层楼。相反，那些妄自尊大，过分自负的人总是喜欢炫耀自己的才能，引起别人的反感，最终在交往中使自己走到孤立无援的地步，别人都敬而远之，甚至厌而远之。

老子曾说：“良贾深藏若虚，君子盛德容貌若愚。”就是说，商人总是隐藏其宝物，君子品德高尚，而外貌却显得愚笨。这句话告诉我们，做人要敛其锋芒，收其锐气，不要急于将自己的才能让人一览无余。只有学会谦虚做人，不要太过张狂，你才能受到人们的欢迎。

相信自己，保持自信的姿态

自信是情商高的重要表现！一个人拥有了自信，便获得了感染、影响他人的人格力量。自信的人一般都比较善于表现自己，善于表现自己的人能够通过自己适当地表现而获得周围人的喜欢和认可。

曾经担任过美国足球联合会主席的戴伟克·杜根，说过这样一段话：你认为自己被打倒，那你就是被打倒。你认为自己伫立不倒，那你就伫立不倒。你想胜利，又认为自己不能，那你就不会胜利。你认为你会失败，你就会失败。因为，环视此世界的成功例子，我发现一切胜利皆试于个人求胜的意识与信心。一切胜利唯存于心。你认为自己比对手优越，你就是比他们优越。因此，你必须往好处想，你必须对自己有信心，才能获得胜利。生活中，强者不一定是胜利者，但是，胜利迟早属于有信心的人。

有一位女歌手，第一次登台演出，内心十分紧张。想到自己马上就要上场，面对上千名观众，她的手心都在冒汗："要是在舞台上一紧张，忘了歌词怎么办？"越想，她心跳得越快，甚至产生了打退堂鼓的念头。

就在这时，一位前辈笑着走过来，随手将一个纸卷塞到她的手里，轻声说道："这里面写着你要唱的歌词，如果你在台上忘了词，就打开来看。"她握着这张纸条，像握着一根救命的稻草，匆匆上了台。也许有那个纸卷握在手心，她的心里踏实了许多。她在台上发挥得相当好，完全没有失常。

她高兴地走下舞台，向那位前辈致谢。前辈却笑着说："是你自己战胜了自己，找回了自信。其实，我给你的，是一张白纸，上面根本没有写什么歌词！"她展开手心里的纸卷，果然上面什么也没写。她感到惊讶，自己凭着握住一张白纸，竟顺利地渡过了难关，获得了演出的成功。

"你握住的这张白纸，并不是一张白纸，而是你的自信啊！"前辈说。

歌手拜谢了前辈。在以后的人生路上，她就是凭着握住自信，战胜了一个又一个困难，取得了一次又一次成功。

做任何事情都需要有自信。爱默生说："自信是成功的第一秘诀。"自信的人，总是自带光环和吸引力，言谈举止中所流露和表达的是一种激情，是一种催人奋进的豪迈，是一种无形的力量，这种力量的迸发能使人坚定沉着、冷静果敢。同时，你的自信也会感染他人，吸引他人的注意力，还会对你的事业发展有着巨大的推动作用。

自信是成功的法宝。无论什么时候，我们都应该充满自信。只要你自信，才能尝到成功的喜悦。一个获得了巨大成功的人，首先是因为他自信。而有许多失败者之所以失败，究其原因，不是因为无能，而是因为不自信。自信，使不可能成为可能，使可能成为现实；不自信，使可能变成不可能，使不可能变成毫无希望。在许多成功者身上，我们都可以看到超凡的自信心。正是在这种自信心的驱动下，他们敢于对自己提出更高的要求，鼓励自己不断努力，从而获得最终的成功。

英国历史上最著名的女领袖之一——撒切尔夫人是一个具备高度自信心的典型。

英国工党政治家芭芭拉·卡斯尔曾在她的日记中描述了她听到撒切尔夫人当选为保守党领袖时的感受："她是保守党内最好的'男人"同时她也具有女人特有的巨大的优势，更为可畏的是她是一位充满自信的斗士。我感到振奋，尽管我认为她担任领袖将会给我们党造成很大的威胁。"

撒切尔夫人用自己的经历给世界妇女以启迪。她没有显赫门第的册封庇荫，也不具备夫贵妻荣的现成条件。但是，她凭着自信和努力，在通往权力顶峰的崎岖的道路上，硬是把一大群男人甩到了后边。她是一个登上了梯子就一个劲地往上爬的女人。

撒切尔夫人自担任保守党领袖之日起，就觉得"天将降大任”于她，弘扬保守党的传统非她莫属了。这是一种何等的自信！四年的保守党领袖生涯，是撒切尔夫人当首相的“实习班”。她像治理一个国家似的发表政见，调整影子内阁人选，为未来的唐宁街办公室设计图样，有足够的时间让英国的官宦世家、城乡选民、在朝在野的政客们逐渐习惯于同一个崭露头角的女政治家打交道。

1979年，撒切尔夫人已经是英国政坛中的风云人物了。她可以毫无愧色地去参加大选，同工党一决胜负。工党中有的议员原来还看不起她，认为由她来当保守党领袖，对工党是一条绝好的消息，“这将意味着我们的工党将永远在台上”。但是，随着时势的变化，撒切尔夫人才华的显露、地位的上升，工党中有很多人感到，这个女人一向怀有大志，她是杰出的女性，也是男人中首屈一指的明星。这年伊始，英国发生了全国性的大罢工，一时，全国沸沸扬扬，罢工人数多达460万。许多工厂停产，港口几乎瘫痪，食物奇缺，学校停课，医院停诊，全国一片怨声，工党政府同工会谈判毫无结果。撒切尔夫人瞅准这个时机，毫不迟疑地提出了对工党政府的不信任案，随后提案被通过，卡拉汉政府不得不宣布提前大选。

选举揭晓，保守党获得了压倒多数选票的胜利。撒切尔夫人在她丈夫陪同下，驱车去白金汉宫拜谒女王。撒切尔夫人在会见向她告辞的卡拉汉时，动情地引用了圣弗朗西斯的四句诗：

在出现纷争的地方，让我们带来和谐；

在有了错误的地方，让我们带来真理；

在出现怀疑的地方，让我们带来信念；

在感到绝望的地方，让我们带来希望。

撒切尔夫人当选为英国首相，震撼了英国和欧洲政坛。卡拉汉向女王提交辞呈后说："一个女人占据这个位置，这是英国历史上的一件大事。"西方国家出现了第一个女首相，亚洲的印度总理甘地夫人和斯里兰卡的班达拉奈克夫人不再孤独了。有人赞誉说："英国已经赶上了亚洲，妇女居于顶峰。"法国卫生部长韦伊夫人热烈欢呼撒切尔夫人的胜利是"所有妇女的胜利"。

从白金汉宫出来之后，撒切尔夫人驱车前往唐宁街10号，在首相府的台阶上，对等候在那里向她欢呼的人群说："接受女王组织政府的提议，这是一个公民最大的荣幸，你们中任何一个人都有这样的机会，只要你们坚信你们也能做到，我的自信心支撑我获得今天的成功。"

一位普通的女子，在成为领袖的自信心指引下，终于登上了首相的宝座。

信心是行动的基础，是一个人走向成功的非常重要的心理素质。一个人只有心里充满必胜的信念，对自己所从事的事业坚信不疑，他才可能迈出坚定的步伐，产生克服困难的勇气和力量，想出解决问题的方法和对策，赢得他人的信赖和支持，最后才能到达为之奋斗的终点。

自信是对自己能力的一种肯定，能为我们带来了成功，带来了胜利，同时也向外界显示了自己的信心。如果你对自己没有信心，那么你将永远无法到达成功的彼岸。

即使春风得意，也不要得意忘形

生活中，人们经常用“得意忘形”来形容一个人的狂喜状态。即一个人在某一方面稍稍得志，就高兴得控制不住自己，忘乎所以，从而失去常态。得意忘形会造就一个转折，使人和事由盛转衰，甚至一蹶不振，出现乐极生悲的惨痛局面。

当一栋新盖的大厦完成时，有位家政公司的老业务员马上跑去见该大厦的物业主任，想承揽所有的清洁工作，包括各个房间地板的清扫，玻璃窗的清洁，公共设施、大厅、走廊、厕所等的清理工作。

一个星期后，物业主任口头答应了这个交易。当这名老业务员承揽到生意，从侧门兴奋地走出来时，由于太高兴，他没有注意到门边消防用的水桶，结果一脚把水桶给踢翻了，水泼了一地，这一幕正巧被物业主任看到，心里很不舒服，就打电话，将合同取消了。

他的理由是："像你这种年纪的人，还会做出这么得意忘形的事，将来实际担任本大厦清扫工作的人员，更不知会做出什么样的事情来，既然你们无法让人放心，那还是早点解约好。"

这个故事告诉我们：一时的得意，不要高兴太早，否则失意马上就到。做人千万不要得意忘形，特别是当你在意气风发之时，绝对不能放松警惕，要时时戒备，因为这个时候最容易犯错。下面这个故事也同样说明了这样的道理。

三国时的许攸，本来是袁绍的部下，虽说是一名武将，却足智多谋。官渡之战时，他为袁绍出谋划策，可袁绍不听，他一怒之下投奔了曹操。曹操听说他前来投靠，高兴得没来得及穿鞋，光着脚出门迎接，拊掌大笑道："足下远来，大事成矣！"可见曹操对他的看重。

后来，在击败袁绍、占据冀州的战斗中，许攸又立下了大功，他自恃有功，在曹操面前便开始不检点起来，有时，他当着众人的面直呼曹操的小名，说道：阿瞒，要是没有我，你是得不到冀州的。"曹操在众人面前不好发作，强笑着说："是，是，你说的没错。"但心中却十分忌恨，许攸没有察觉，还是那么信口开河。

一次，许攸随曹操来到邺城东门，他对身边的人自夸道："曹家要不是因为我，是不能从这个城门进进出出的。"

曹操终于忍耐不住，将他杀掉。

许攸是个出类拔萃的人才，可是他目中无人、恃才傲物将其才气完全掩盖，给自己带来了杀身之祸。可见，一个人不懂得夹起尾巴，得志猖狂，得意忘形，招摇过市，那便是不招人喜欢，也容易遗人把柄，被人揪住，最终遭人遗弃。所以，当你春风得意时，切不可趾高气扬，不可一世。

一个人能否成功，可以从他对于自己的成就所持的态度上看出来。得意如果忘形，很可能就迷失了自我。而堆积你的成就，会使你更上一层楼。所以，人生得意须清醒，对自己的暂时取得的成就要轻描淡写，永远不要得意忘形，只有要谦虚为怀，才会受到欢迎。

一次，晏子乘车外出，马车正好从车夫的家门前经过，车夫的妻子从门缝里偷偷地往外看，只见自己的丈夫替相国驾车，坐在车上的大伞盖下，挥鞭赶着高头大马，神气活现，十分得意。然而车夫回到家里，妻子却要求与他离婚。

车夫大吃一惊，忙问什么原因。妻子说：“晏子身为齐国宰相，在诸侯各国中很有名望。可我看他坐在车上，思想是那样深沉，态度是那样的谦逊。而你呢，只不过是给相国赶赶车罢了，却趾高气扬，表现出一副很了不起的样子。像你这样的人还会有什么出息呢？这就是我要跟你离婚的原因。”车夫仔细琢磨了一下妻子这番话，感到很惭愧，便向妻子认错。此后，车夫变得越发谦逊谨慎起来。车夫的这一重大变化，引起了晏子的注意，晏子感到非常好奇，就问车夫原因，车夫把妻子的话如实地告诉了晏子。晏子认为车夫的妻子很有见解，也对车夫勇于改过的态度感到很满意，于是便推荐车夫做了大夫。

做人之大忌，那就是得意忘形。特别是当一个人事业有成，或加官晋爵之时，当然是应该值得庆贺的，但这种庆贺应适可而止，切忌得意忘形。否则，终致滋生败象，乐极生悲。但现实生活中，一些领导者往往记不住这样的教训，他们一旦取得了一些成就，最容易得意忘形，于是趾高气昂、自命不凡，目空一切，说话牛气冲天，结果引起周围人的不满和非议，组织的发展也受到了阻碍。其实，一个人的成就再伟大，也只是相对于而言。如果你在某一方面取得了一定的成绩，你不应该过于看重它，因为它已成为你的历史。如果沉醉于一时的得意，常常就会“忘形”，丧失成功前的那股活力和干劲。

世上没有永远的成功，同样也不会有永远的“得意”之时，只有永远的追求与前行。美国汽车大王福特曾说：“一个人如果自以为已经有了许多成就而止步不前，那么他的失败就在眼前了。许多人一开始奋斗得十分起劲，但前途稍露光明后，便自鸣得意起来，于是失败立刻接踵而来。”石油大王洛克菲勒也说过：“当我的石油事业蒸蒸日上时，每晚睡觉前总是拍拍自己的额头说：‘别让自满的意念，搅乱了你的脑袋。’我觉得我的一生进行这种自我教育，益处很多，因为经过这样的自省后，我那沾沾自喜、得鸣得意的情绪，便可平静下来了。”做人、做事一定要不断提升自己的修养，保持一颗平常心，做到得意时不忘形，失意时不悲观失望。